PYTHON
PROGRAMMING
FOR SCIENCE AND ENGINEERING

이공학을 위한
파이썬 프로그래밍

정동호 저

파이썬 프로그래밍 준비 ㅣ 파이썬 명령어 ㅣ 파이썬 라이브러리 ㅣ 파이썬 응용

▶▷▶ PREFACE

4차 산업혁명 시대가 도래되면서 인공지능, 사물인터넷, 빅데이터, 자율주행차, 지능형 로봇 등 모든 것이 ICT를 바탕으로 한 소프트웨어를 통해 구현되고 있다. 해외 각국에서도 경쟁적으로 코딩을 정규 교육과정에 편입시켜 교육을 하고 있고, 우리나라에서는 2018년부터 전국 초중고교에서 코딩교육을 의무화하고 있다.

사람의 언어는 지리적 요인에 의해 나눠지고 프로그래밍 언어는 목적에 따라 분화되어 왔다. 파이썬은 읽거나 쓰기가 쉬울 뿐만 아니라, 배우기도 편해서 데이터 과학 분야를 위한 표준 프로그래밍 언어로 되어가고 있다. 파이썬은 범용 프로그래밍 언어의 장점은 물론 Matlab과 R과 같은 특정 분야를 위한 스크립팅 언어의 편리함을 함께 갖추고 있다. 또한 데이터 분석, 시각화, 확률, 통계, 자연어 처리, 이미지 처리 등에 필요한 라이브러리들도 가지고 있다.

파이썬 생태계에서 기초에서 이공학 응용까지 과정

프로그래밍을 배우는 이유는 컴퓨터의 도움을 받아서 문제를 해결하고 스마트한 지능형 제품을 만들기 위함이다. 이공학 분야인 경우 중요한 데이터를 그래프로 나타내거나 분석하는 데도 필요하다. 분석적으로 풀기 어려운 과학적이거나 공학적인 문제는 일반적으로 수치해석으로 푸는데 파이썬은 과학 및 공학용으로 다양한 라이브러리를 사용하는 프로그래밍 언어이다. 그래서 쉽게 응용할 수 있고 C와 Fortran과 달리 인터프리터 언어라 초보자라도 배우기가 쉽다.

범용 프로그래밍 언어로서 파이썬은 복잡한 GUI나 웹서비스도 만들 수 있으며 기존 시스템과 통합하기도 용이하다. 또한 파이썬은 수학, 기초과학, 사회과학, 컴퓨터 과학에 응용할 수 있고, 앞으로 과학, 공학, 네트워크 시스템 등의 문제를 프로그래밍해서 설명하는 능력을 향상시킬 것이다.

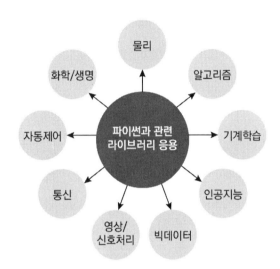

파이썬과 관련 라이브러리 이공학 분야 주요 응용

본 교재는 이공학 분야에 응용할 파이썬 개발환경과 파이썬 문법을 소개하고, 데이터 시각화 기능을 제공하는 matplotlib과 수치계산 프로그래밍을 위한 대표적인 라이브러리인 NumPy, SciPy, SymPy를 사용해보고, 계층적 데이터 구조와 이에 대한 기능을 제공하는 pandas를 알아본다. 또한 이공학 분야 파이썬 프로그램 작성법, 함수와 객체 사용법, 디버깅, 컴퓨터적 사고방식까지 함께 익힐 수 있다.

코딩할 주어진 문제를 분석하고 순서도에 의해 알고리즘을 작성하며 프로그래밍을 코딩한 후 실행하고 수정한다. 실습교재로 사용할 경우 결과는 실습과정에서 얻은 실습 데이터를 모아두어 제출하기 용이하게 하였고, 매 실습을 마치고 보고서를 함께 제출할 수 있도록 했다. 필요하면 인터넷의 파이썬 자료를 함께 참고해서 파이썬으로 프로그래밍하고, 영문 주석(#)을 많이 붙인 코드를 깃 허브에 올려 공유하길 추천한다.

따라서 본 교재는 파이썬 프로그래밍 준비, 파이썬 명령어, 파이썬 라이브러리, 그리고 파이썬 응용으로 구성되었다. 그리고 다양한 Jupyter notebook, Spyder, 프롬프트 창과 같은 에디터로 코딩 연습하도록 했고, 이공학 분야의 코딩공부를 하려는 사람들에게 도움을 주기 위해 제작하였다.

이공학 분야에 관심 있는 모든 사람들이 이 분야에 조금 더 가까워질 수 있도록 쉽게 설명하고자 노력했지만 부족한 부분이 많을 것이다. 이 책을 읽은 독자들이 책의 오류를 넓은 아량으로 이해해 주시고, dhjdhj11@naver.com으로 조언해 주시길 기대한다. 앞으로도 계속 수정 보완하는 데 최선의 노력을 기울일 것이다.

끝으로 이 책을 출판해 주신 내하출판사 사장님께 감사드리며, 편집에 수고해 주신 여러분께 감사드린다.

2020년 3월

소백산 아래 연구실에서 저자

▶▷▶ CONTENTS

PART 01

파이썬 **프로그래밍 준비**

PYTHON PROGRAMMING FOR SCIENCE AND ENGINEERING

01 파이썬의 용어

1.1 파이썬 소프트웨어와 하드웨어 관련 용어

(1) 프로그래밍과 알고리즘

그림 1.1과 같이 프로그래밍(programming) 혹은 코딩(coding)은 하나 이상의 관련된 추상 알고리즘(algorithm)을 특정한 프로그래밍 언어를 이용해 구체적인 컴퓨터 프로그램으로 구현하는 기술이다. 프로그래밍은 시간의 순서에 따라서 일어나야 하는 일을 컴퓨터에게 알려주는 일이며, 컴퓨터 프로그래밍을 통해서 만든 결과물이 프로그램(소프트웨어)이다.

문제 해결 순서도인 알고리즘이 컴퓨터 언어인 프로그래밍 언어를 통해 프로그래밍 또는 코딩으로 표현되고 소프트웨어를 만들어서 컴퓨터에 적용하면 우리가 해결해야 할 문제는 컴퓨터에 의해 자동으로 해결된다.

그림 1.1 | 프로그래밍의 관계도

(2) 컴파일러와 인터프리터

그림 1.2와 같이 컴파일러(compiler)는 Fortran과 COBOL과 같은 고급언어로 작성된 소스코드를 번역하여 실행프로그램을 생성해 주는 언어번역기이고, 인터프리터(interpreter)는 파이썬, Java, Basic과 Matlab과 같은 언어로 작성한 소스코드를 목적프로그램으로 생성 없이 기계어코드를 생성, 실행해 주는 언어번역기이다.

컴파일러는 작성한 소스코드를 한 번에 번역을 하고, 인터프리터는 한 줄씩 줄 단위로 번역과 실행을 진행한다. 그래서 컴파일러는 인터프리터에 비해 번역 시간이 오래 걸리고 그 과정이 복잡하다. 하지만 한 번 번역을 하면 실행파일(목적파일)이 생성되어 메모리를 사용하지만 다음에 실행할 때는 실행파일만 실행하면 되기 때문에 실행이 인터프리터에 비해 빠르다.

인터프리터는 번역시간은 빠르지만 실행시간은 느리고 직접 실행하기 때문에 실행파일을 생성하지 않아 메모리는 사용하지 않는다. 줄 단위로 번역과 실행을 진행하기 때문에 중간에 문제 있는 코드를 만나는 경우 그 줄부터 아래는 실행되지 않는다.

컴파일러는 한 번에 번역을 하고 실행을 하기 때문에 프로그래머가 코딩을 하다가 오류를 작성했을 때 전부 작성을 하고 실행파일을 만들어서 실행을 해 봐야 알 수 있다. 개발자 입장에서는 인터프리터가 조금 더 유리하다고 할 수 있다.

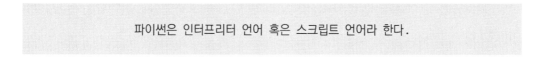
파이썬은 인터프리터 언어 혹은 스크립트 언어라 한다.

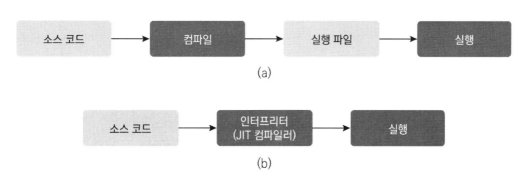

그림 1.2 | 번역기에 따른 언어의 종류 (a) 컴파일 언어 (b) 인터프리터 언어

(3) JIT 컴파일

JIT 컴파일(just-in-time compilation)은 컴파일 방식에 비해 한 줄씩 읽고 실행시키는 인터프리터 방식이 속도가 느리므로 속도 면에서 단점을 보완하기 위한 방식이다.

JIT 컴파일러는 컴파일 방식과 인터프리터 방식을 혼합한 방식이다. JIT 컴파일러는 실행시점에 기계어 코드를 생성하면서, 기계어 코드를 캐싱(caching)해 두고 같은 함수가 여러 번 불릴 때 캐싱해둔 기계어 코드를 실행하는 방식이다. 기본적으로 처음에 인터프리터 방식을 사용하고, 자주 사용되는 코드가 발견되면 그 부분에 대해서 JITC (just-in-time compiler)를 적용한다.

(4) 디버깅

디버깅(debugging)은 프로그램 실행 시 문제를 일으키는 오류(버그)를 찾아 해결하고 수정하는 것을 의미한다. 이 버그는 크게 문법적 오류와 논리적 오류로 분류할 수 있다.

(5) 매개변수와 전달인자

매개변수(parameter)는 함수의 정의에 포함되어 있는 고유한 특성이며 함수는 몇 개의 매개변수를 가질 수 있고, 없을 수도 있다. 전달인자(argument)는 함수가 호출될 때 제공되는 값들을 말하며, 호출할 때마다 값이 바뀔 수 있다. 매개변수는 함수의 정의부분에 나열되어 있는 변수들을 의미하며, 전달인자는 함수를 호출할 때 전달되는 실제 값을 의미한다.

> 매개변수는 바뀌지 않는 변수(variable)이며 함수 $f(x)$의 x이고,
> 전달인자는 값(value)이며, $f(3)$과 같은 3이다.

(6) 전달인자(*args과 **kwargs)

파이썬에서 전달인자(argument)는 위치에 따라 정해지는 위치 전달인자(positional arguments)와 이름을 가진 키워드 전달인자(keyword arguments) 두 종류가 있다. 위치 전달인자는 생략할 수 없고 개수만큼 정해진 위치에 인자를 전달해야 한다. 그러나 키워드 전달인자는 함수 선언 시 기본 값을 설정할 수 있으며, 키워드 전달인자를 생략할

때 해당 기본 값(default)이 인자의 값으로 들어가고 생략이 가능하기 때문에, 위치 전달 인자 앞에 선언될 수는 없다.

위치 전달인자와 키워드 전달인자는 모두 사용할 수 있으며 보통 오픈소스의 경우 코드의 일관성을 위해 ***args**이나 ****kwargs**와 같은 인자 명을 관례적으로 사용하지만, ***required**나 ****optional**과 같이 인자명은 일반 변수와 같이 원하는 대로 지정이 가능하다.

위치 전달인자들은 **args**라는 튜플에 저장되며, 키워드 전달인자들은 **kwargs**라는 딕셔너리에 저장된다. ***args**는 임의의 개수의 위치 전달인자를 받음을 의미하며, ****kwargs**는 임의의 개수의 키워드 전달인자를 받음을 의미한다. 이 때 ***args**, ****kwargs** 형태로 전달인자를 받는 걸 패킹(packing)이라고 한다.

(7) 컴퓨터 소프트웨어와 하드웨어

컴퓨터 하드웨어는 중앙처리기(CPU), 각종 메모리, 입출력장치로 구성되어 있다. 그림 1.3과 같이 소프트웨어는 시스템 소프트웨어와 응용 소프트웨어로 나누고, 시스템 소프트웨어는 사용자가 쉽게 컴퓨터를 사용할 수 있고 컴퓨터 시스템을 효율적으로 운영해주는 운영체제(OS), 인터프리터, 컴파일러와 같은 언어번역기, 프로그램 작성에 도움이 되는 유용한 소프트웨어나 컴퓨터 운영에 도움이 되는 소프트웨어와 같은 유틸리티 프로그램 등이 있다.

응용 소프트웨어는 프로그래밍언어(파이썬, 포트란, C, C++, 자바 등), 어셈블러 언어 등으로 응용 프로그램을 만들어 운영체제 위에서 사용자가 직접 사용한다.

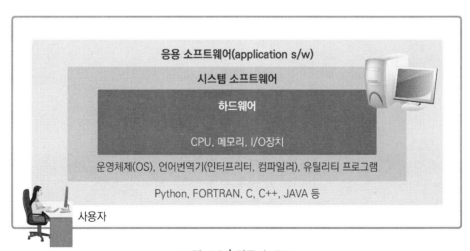

그림 1.3 | 컴퓨터 구조

(8) 셸

셸(shell)은 그림 1.4와 같이 운영체제의 커널과 사용자 사이를 이어주는 역할을 하고, 커널(kernel)은 운영체제의 일부로서 컴퓨터의 메모리에 항상 작동하는 하나의 프로그램이다. 셸은 사용자의 명령어를 해석하고 운영체제가 알아들을 수 있게 지시하고, 다시 운영체제는 셸에게서 받은 지시를 해석하여 하드웨어를 위한 지시어로 바꾸어준다.

셸 명령어는 **pwd**(현재 폴더 경로 출력), **ls**(현재 폴더 내용물 출력), **cd <폴더명>**(다른 폴더로 이동), **cd..**(상위 폴더로 이동), **cp**(다른 이름으로 파일복사), **rm**(파일삭제) 등이 있다.

프로그램 개발을 돕는 도구는 통합개발 환경(IDE : integrated development environment)이라 하고, IDLE(integrated development and learning environment)은 여러 종류의 IDE 중 하나다. IDLE는 파이썬을 설치하면 기본적으로 제공되는 간단한 인터랙티브 셸(interactive shell)+편집기(editor)로 학습에 필요한 모든 것을 가지고 있으며 복잡한 기능이 없어 입문자들의 학습용으로 적합하다.

셸이란 '껍질'이라는 의미의 영어 단어로, 실제 파이썬 코드를 해석하고 실행해주는 파이썬 인터프리터를 감싸고 있다는 의미로 사용된다. 본래 OS의 셸에서 파생하였다.

인터랙티브 셸은 프로그래밍 언어의 도구라는 측면에서는 REPL(Read Evaluate Print Loop)이라고도 하고 사용자로부터 한 줄 단위로 명령어 구문을 입력 받아, 이를 매번 평가하고 그 내용을 출력하는 것을 반복하는 프로그램을 말한다.

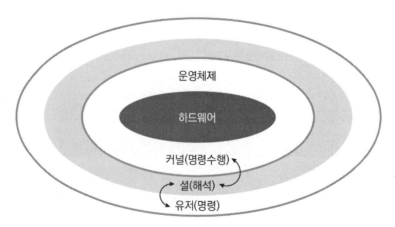

그림 1.4 | 셸과 하드웨어 및 운영체계 관계

(8) 셸 창과 에디터 창

엔터를 한 번 칠 때마다 IDLE이 반응해주는 창을 셸 창(shell window)이라 하고, 마치 메모장처럼 생긴 창을 에디터 창(editor window)이라고 한다. 셸은 한 줄씩 즉시 실행하므로 여러 줄의 프로그램을 작성하기 어렵고 코드를 따로 저장할 수 없다. 에디터는 여러 줄을 한꺼번에 작성하여 실행하며 계산 결과를 바로 볼 수 없다.

(9) 비트에서 데이터 베이스

bit(최소 정보 단위, 0과 1) → nibble(4bit, 16진수 1자리) → byte(문자 표현 단위, 8bit, 2nibble, 256가지 정보표현, 영문자와 숫자는 1byte로 한 문자, 한글, 한자는 2byte로 한 문자) → word(CPU가 한 번에 처리할 수 있는 명령처리 단위, 64비트 컴퓨터는 8byte가 1워드) → field(file 구성단위, 의미 있는 정보를 표현하는 최소단위) → record(하나 이상의 관련된 필드로 구성, 컴퓨터 내부의 자료 처리단위, 논리레코드) → block(하나 이상 논리레코드로 구성, 각종 저장매체와의 입출력 단위, 물리레코드) → file(프로그램 구성 단위, 여러 개의 레코드로 구성) → database(여러 개의 관련된 파일의 집합, 관계형, 계층형, 망형 등)

(10) 유니코드

유니코드(unicode)는 숫자와 글자, 즉 키와 값이 1:1로 매핑된 형태의 코드이다. 즉 아스키코드(ASCII : american standard code for information interchange)로 0x41=A로 매핑된 것처럼, 아스키코드로 표현할 수 없는 문자들을 유니코드라는 이름 아래 전 세계의 모든 문자를 특정 숫자와 1:1로 매핑한 것이다. 파이썬에서의 문자열들은 모두 유니코드이다.

(11) CSV 파일

CSV(comma separated values)는 보통 콤마로 fields를 구분하는 파일을 말한다. 콤마 이외에도 '|', **tab** 키 등으로 field를 구분하는 경우가 많이 있으나, 콤마는 사람의 눈으로 식별이 가능하기 때문에 많이 이용하고 있다. 일반적으로 텍스트로 열려지지만, 엑셀로 파일을 열 경우, 스프레드시트 형식으로 열수 있기 때문에 엑셀을 이용하여 데이터를 보고 처리하기가 용이하다.

(12) 기본 명령어 정리표

프로그래밍에서 기본 명령어 정리표(cheat sheet)는 파이썬을 포함한 기본 프로그래밍 명령어 정리표, 프로그래밍에서 어느 정도 기초 정보는 외우는 것이 좋지만 자주 쓰지 않는 함수나 명령어 등을 정리한 것이다. 사이트는 www.cheat-sheets.org이다.

(13) "Hello, World!" 프로그램

"Hello, world!"를 화면에 출력하는 컴퓨터 프로그램이다. 이 프로그램은 프로그래밍 언어를 연습하는 데에 많이 쓰이고, 많은 프로그래밍 언어 서적에서 가장 처음 만들어보는 기본 예제로 나온다.

(14) powershell과 cmd

Powershell은 .NET FrameWork라는 객체들을 사용하고 객체지향언어로서 모든 결과들이 객체로 표현이 된다. 그래서 미리 구현한 내용을 가지고 올 수도 있으며, 모든 클래스들을 사용할 수 있다. Cmd는 절차적으로 명령어를 수행하므로 절차지향인 C-언어와 객체지향인 Java의 차이라고도 볼 수 있다.

(15) 표준 라이브러리

파이썬 표준 라이브러리는 파이썬을 설치할 때 항상 함께 설치되는 많은 수의 유용한 모듈들을 말한다. 파이썬 표준 라이브러리에 익숙해지면 이를 이용해 해결할 수 있는 많은 문제들을 좀 더 빠르고 쉽게 해결할 수 있다. 그림 1.5와 같이 파이썬에서 이용할 수 있는 파이썬 표준 라이브러리와 함께 수많은 다른 모듈과 패키지로 증가되고 있다.

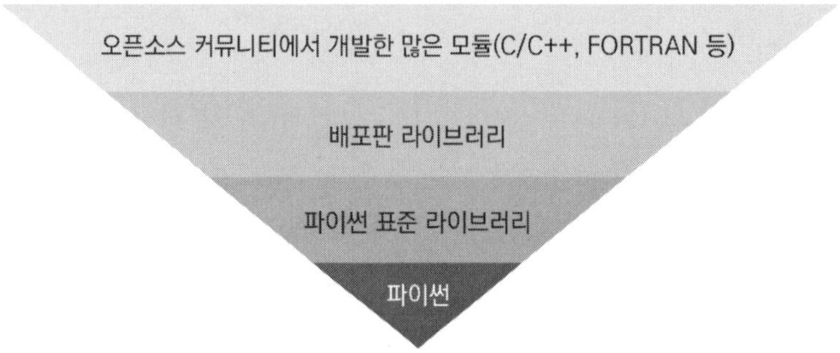

오픈소스 커뮤니티에서 개발한 많은 모듈(C/C++, FORTRAN 등)

배포판 라이브러리

파이썬 표준 라이브러리

파이썬

그림 1.5 | 파이썬에 사용 가능한 라이브러리

파이썬의 표준 라이브러리는 매우 광범위하며, 다양한 기능을 제공하는 사이트는 docs.python.org/ko/3/library/index.html이다.

(16) 웹 컴파일러

웹 컴파일러(web compiler)는 웹에서 작성한 코드를 서버로 보내면 서버에서 컴파일하고 결과 값을 클라이언트(웹)으로 보내주는 방식이다. 파이썬을 위한 대표적인 웹 컴파일러는 다음과 같고 많은 언어를 온라인에서 코드를 작성하고 실행까지 가능하다.

01 www.ideone.com

첫 화면 왼쪽 아래 버튼을 통해 언어를 고를 수 있다. 파이썬 언어만 고른 후, 코드는 고치지 않고 바로 **RUN**을 누른다. 그 다음 **edit**를 누르고 '**// your code goes here**' 밑에 **print("hello Python world!");**를 입력해 주고 '**ideone it!**'을 누른다.

그림 1.6 | ideone 웹 컴파일러 화면

02 codepad.org

특별한 기능은 없지만 코드 실행을 위한 기능만 있고 지원하는 언어가 적다. **Private**는 비공개 기능이고, **Submit**를 클릭하면 코딩한 결과가 나온다.

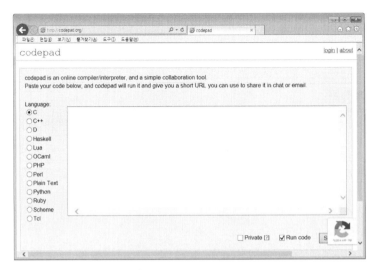

그림 1.7 | codepad 웹 컴파일러 화면

03 codingground(www.tutorialspoint.com/codingground.htm)

웹에서 코딩할 수 있는 플랫폼으로서 75개 이상 프로그램 언어를 사용할 수 있다. 파이썬-3을 선택하고 왼쪽 화면에 코딩하는 공간에 입력한 후 **Execute**를 클릭하면 오른쪽 **Result** 화면에 결과가 나타난다.

그림 1.8 | codingground 웹 컴파일러 화면

(17) CPU와 GPU

CPU(central processing unit)는 컴퓨터의 두뇌를 담당하며, 입출력장치, 기억장치, 연산장치를 비롯한 컴퓨터 자원을 이용하는 최상위 계층 장치인 중앙처리장치이다. 따라서 데이터 처리, 프로그램에서 분석한 알고리즘에 따라 다음 행동을 결정하고 멀티태스킹을 위해 나눈 작업들에 우선순위를 지정하고 전환하며 가상 메모리를 관리하는 등 컴퓨터를 지휘하는 역할을 수행한다. 컴퓨터 프로그램의 대부분은 복잡한 순서를 가진 알고리즘을 가지고 작동하므로 CPU가 적합하다.

GPU(graphics processing unit)는 픽셀로 이루어진 영상(비디오)를 처리하는 용도로 탄생하였다. 그래서 반복적이고 비슷한, 대량의 연산을 수행하며 이를 병렬적으로 나누어 작업하기 때문에 CPU에 비해 속도가 빠르다. 영상 등을 비롯한 그래픽 작업의 경우 픽셀 하나씩 연산을 하기 때문에 연산능력이 비교적 떨어지는 CPU가 GPU로 데이터를 보내 빠르게 처리한다.

그림 1.9와 같이 CPU는 직렬 처리에 최적화된 몇 개의 코어로 구성된 반면, GPU는 병렬 처리용으로 설계된 수 천 개의 소형이고 효율적인 코어로 구성되었다. GPU는 병렬 처리를 효율적으로 처리하기 위한 수천 개의 코어를 가지고 있다. 연산 속도를 높이기 위해 연산집약적인 부분을 GPU로 넘기고 나머지 코드만을 CPU에서 처리하는 GPU 가속 컴퓨팅은 특히 딥러닝, 머신러닝 영역에서 강력한 성능을 제공한다.

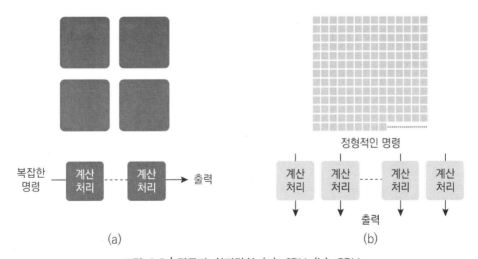

그림 1.9 | 컴퓨터 처리장치 (a) CPU (b) GPU

1.2 파이썬 관련 일반 컴퓨터 용어

(1) 깃 허브

깃(Git)은 여러 개발자가 참여하는 프로젝트의 어떤 부분도 겹쳐 쓰지 않게 프로젝트의 변경을 관리하는 버전관리 소프트웨어이다. 리눅스의 개발자 리누스 토발즈(Linus Torvalds, 핀란드, 1969~)가 리눅스를 더 잘 만들기 위해 만든 프로젝트 관리 툴이다. 깃 이름은 알려진 것이 확실하지 않고 유닉스 명령어에 없고 발음할 수 있는 3글자이며 리누스 토발즈 자신과 관련된 것으로 알려져 있다.

깃허브(GitHub)는 분산 버전 관리 툴인 깃을 사용하는 프로젝트를 지원하는 소스코드 관리 서비스이다. 소스코드를 열람하고 간단한 버그 관리, SNS 기능까지 갖추고 있다. 2018년 마이크로소프트가 공식적으로 세계 최대 오픈소스 코드 공유 플랫폼인 깃허브를 인수했다. 사용하기 위해 먼저 깃허브 홈페이지(github.com)를 계정을 등록해야 한다.

(2) 오픈 소스

소스 코드가 공개된 소프트웨어를 오픈소스(open source)라고 말하고 대부분의 오픈소스 소프트웨어는 무료로 사용하지만 유료로 구입하는 경우도 있다. 그래서 무료로 사용 가능한 프로그램인 프리웨어(freeware)와 소스코드가 공개된 프로그램인 오픈 소스는 다른 개념이다.

오픈소스는 빅데이터, 사물인터넷, 소셜 미디어, 클라우드 등 모든 IT 트렌드의 대세로 자리잡고 있다. 안드로이드(모바일 운영체제), Axzure(클라우드), MySQL(데이터베이스), Apache(웹서버), Firefox(웹브라우저), Hadoop(빅데이터) 등이 오픈소스 들이다.

(3) 구글 코랩

구글 코랩(Colab : Colaboratory)은 Gmail 계정이 있는 개발자는 무료로 사용할 수 있는 클라우드 서비스이다. 그림 1.10과 같이 파이썬과 TensorFlow, Keras 등의 딥러닝 라이브러리 등이 미리 설치되어 있기 때문에 웹 브라우저만으로 주피터 노트북 작업을 할 수 있고, GPU를 무료로 사용할 수 있다. 그리고 코랩을 통해 구글 드라이브(Google Drive)나 깃허브(GitHub))를 연동하여 자료 공유와 협업을 쉽게 할 수 있다. 코랩을 위해 사이트(colab.reserch.google.com)에 접속한 후 Gmail 계정으로 로그인하면 시작 페이지를 볼 수 있다.

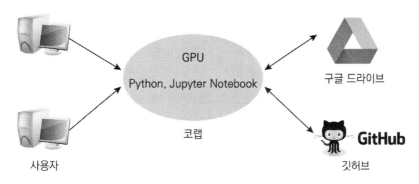

그림 1.10 | 코랩의 구성도

(4) TIOBE 지수

TIOBE(www.tiobe.com/tiobe-index/) 지수(TIOBE Index)는 프로그래머와 서드파티 벤더 수, 인기 검색엔진 검색어를 집계해 매달 인기 언어 순위를 발표한다. 그림 1.11과 같이 2020년 TIOBE 지수에 따르면 파이썬은 자바, C에 이어 전 세계에서 세 번째로 인기 있는 프로그래밍 언어다. 지난 몇 년간 파이썬이 인간친화적인 사용자 경험, 빅데이터의 관리 및 시각화, 인공지능(AI), 머신러닝을 지원하는 도구로 인기를 끌고 있다.

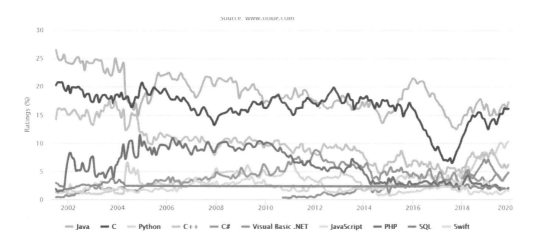

그림 1.11 | TIOBE 프로그래밍 커뮤니티 지수(참고 : www.tiobe.com)

(5) 객체 지향 언어와 절차지향 언어

클래스와 객체가 있는 객체지향(object oriented) 언어는 프로그램에서 객체로 구성되어 있으며 객체란 데이터와 기능이 결합된 하나의 대상을 의미한다. 객체를 정의해 놓은 클래스의 용도는 객체를 생성하는데 사용된다. 객체는 클래스에 정의된 내용대로 메모리에 생성된다.

실제로 존재하는 객체의 용도는 객체가 가지고 있는 속성과 기능에 따라 달라진다. 속성은 멤버변수, 특성, 필드, 상태를 말하고, 기능은 메소드, 함수 등을 말한다. 어떤 클래스로부터 만들어진 객체를 클래스의 인스턴스라고 한다. 파이썬은 특히 C++이나 Java와 같은 언어들에 비해 매우 쉽게 객체 지향을 지원한다.

반면에 C 언어와 같은 절차지향(procedural oriented)언어는 프로그램을 시작하면 위에서부터 차례대로 수행하게 된다. 프로그램 진행 중에는 다른 자료형을 선언할 수 없기 때문에 구조체나 자료형들이 모두 미리 정의되어야 한다.

(6) 정적언어와 동적언어

정적언어(static typed language)는 C, C++, Java 등의 언어와 같이 자료형을 컴파일 시 결정하는 것이다. 이 언어는 변수에 들어갈 값의 형태에 따라 자료형을 지정해 주어야 한다. 컴파일 시에 자료형에 맞지 않은 값이 들어있으면 컴파일 오류가 발생한다. 정적언어는 컴파일 시에 유형에 대한 정보를 결정하기 때문에 속도가 빠르고, 유형 오류로 인한 문제점을 초기에 발견할 수 있어 유형의 안정성이 높다.

동적언어(dynamic typed language)는 파이썬을 포함한 JavaScript, Ruby 등과 같이 컴파일 시 자료형을 정하는 것이 아니고 실행 시에 결정한다. 동적언어는 실행시간까지 형태에 대한 결정을 할 수 있는 장점이 있고, 실행 도중에 변수에 예상치 못한 유형이 들어와 **Type Error**가 생길 수 있다.

파이썬은 문자열인지, 정수인지, 실수인지를 지정해줄 필요가 없고 실행 시에 형식 확인을 하는 동적형식 지정을 지원, 메모리 관리를 자동으로 한다. 하지만 동적형식 지정은 해결하기 어려운 실행 시 오류를 대비해야 하고 속도가 느리며 형식을 고려해야 한다.

(7) 위키

위키(wiki)는 하이퍼텍스트(hypertext) 글의 한 가지로 일종의 협업 소프트웨어이며 본질적으로 정보를 만들고, 찾아보고, 검색하기 위한 데이터베이스이며 오픈백과 사전인 위키피디아(www.wikipedia.org)가 대표적인 위키 서비스이다.

위키 웹사이트의 한 문서는 위키 문서라 부르며, 하이퍼링크로 서로 연결된 전체 문서를 위키라 한다. 최초의 위키 소프트웨어(WikiWikiWeb)를 만든 워드 커닝엄(Ward Cunningham, 미국, 1949~)은 위키를 '동작하는 가장 단순한 온라인 데이터베이스'라고 설명했다. 위키는 빠름을 뜻하는 하와이어 wiki에서 유래했으며 위키는 문서를 간단히 만들고 수정할 수 있고 일반적으로 수정이 반영되기 전에 승인이나 검토의 과정이 없다.

(8) 상수와 리터럴

상수(constant)와 리터럴(literal)은 모두 변하지 않는 값(데이터)을 의미한다. 코드적으로 리터럴은 변수 값 또는 식 자체로 표현되는 변수에 넣는 변하지 않는 데이터를 의미하는 것이다. 그런데 상수는 리터럴 자리를 사용하고 프로그램 전체에서 동일한 값을 유지하는 변하지 않는 변수이므로 리터럴 상수라 한다.

숫자 리터럴에는 정수 리터럴, 실수 리터럴, 복소수 리터럴 3가지가 있다. 정수 리터럴은 0b로 시작하면 2진수, 0o로 시작하면 8진수, 0~9로 시작하면 10진수, 0x로 시작하면 16진수이다. 실수 리터럴은 소수점을 포함하거나 e를 포함하며, 복소수 리터럴은 j로 끝나면 복소수의 허수를 나타낸다.

```
x1 = 10 # integer
print(type(x1))

x2 = 10.2 # floating point number
print(type(x2))

x = 0b10 # float
print(type(x))

x3 = 5+5j # complex number
print(type(x3))
```

```
<class 'int'>
<class 'float'>
<class 'int'>
<class 'complex'>
```

문자열 리터럴은 따옴표로 묶인 일련의 문자이다. 문자열에 대해 단일, 이중 또는 삼중 따옴표를 모두 사용할 수 있다. 그리고 문자 리터럴은 작은 따옴표 또는 큰 따옴표로 묶인 단일 문자이다.

```
x4 = "Hello Python"  # string
print(type(x4))
```

```
<class 'str'>
```

컬렉션 리터럴에는 대괄호 [ ]로 감싸져 있으면 list 자료형, 소괄호 ( )로 감싸져 있으면 tuple 자료형, {키:값, … }로 감싸져 있으면 dictionary 자료형, 중괄호 { }로 감싸져 있으면 set 자료형 등이 있다. 논리값 리터럴은 두 값 True 또는 False 중 하나를 가질 수 있다.

```
x5 = {'dog', 'cat', 'lion'} # set
print(type(x5))
x6 = ['dog', 'cat', 'lion'] # list
print(type(x6))
x7 = ('dog', 'cat', 'lion') # tuple
print(type(x7))
x8 = {"animal" : "lion", "age" : 6} # dictionary
print(type(x8))

x9 = True # bool
print(type(x9))
```

```
<class 'set'>
<class 'list'>
<class 'tuple'>
<class 'dict'>
<class 'bool'>
```

(9) 4세대 프로그래밍 언어

4세대 프로그래밍 언어(4th-generation programming language : 4GL)란 순차형 언어 이후의 프로그래밍 언어들을 가리킨다. 4세대라고 부르는 이유는 기계어를 1세대, 어셈블리 언어를 2세대, 순차형 언어를 3세대라 하기 때문이다.

(10) 그래프를 그려 주는 웹사이트

방정식의 해를 확인하기 위해 식을 입력받아서 그래프를 그려 주는 웹사이트들이다.

01 www.google.com에 $y = 3x^2 - 12 + 12$를 입력하면 그림 1.12와 같은 그래프가 나타난다.

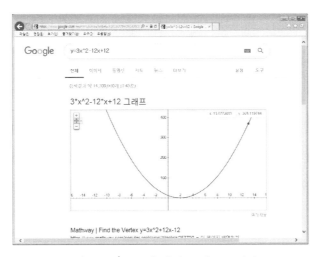

그림 1.12 | google에서 그래프 그리기

02 www.wolframalpha.com에서 $y = 3x^2 - 12 + 12$를 입력하면 그림 1.13과 같은 그래프가 나타난다.

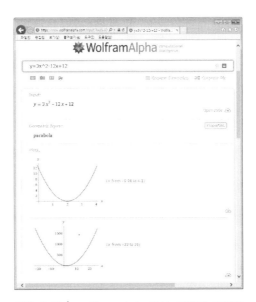

그림 1.13 | wolframalpha에서 그래프 그리기

(11) 순서도

순서도(flowchart)는 알고리즘(algorithm)의 도식적 표현이다. 어떤 일을 처리할 때 여러 종류의 상자와 이를 연결하는 화살표를 이용해 명령의 순서를 보여주는 프로세스이다. 주어진 문제를 해결하는 순서도를 먼저 이해하고, 이를 프로그래밍언어로 구현한다.

순서도의 여러 상태에 대해 서로 다른 기호가 사용된다. 표 1.1은 순서도를 만드는 데 사용되는 기호이다. 보통 코드를 작성하기 전 순서도를 그려보지만 요즘은 코드를 순서도로 바꾸어주는 소프트웨어도 있다. 그림 1.14는 프로그램 논리구조로 순차구조, 선택구조, 반복구조 등이 있다.

표 1.1 | 순서도의 심벌 종류

심벌	이름	설명
⟶	흐름선	제어의 흐름과 실행순서로 기호를 연결하여 논리의 흐름
▢	시작과 끝	시작과 끝의 단말
▱	입력/출력	데이터의 입력 및 출력 작동
▭	처리	각종 연산 및 데이터 조작
⬡	준비	초기화
▣	함수처리	함수호출
◇	판단	참과 거짓이라는 두 가지 선택이 있는 조건 판단 동작

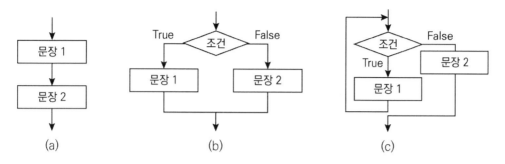

그림 1.14 | 프로그램 논리구조 (a) 순차구조 (b) 선택구조 (c) 반복구조

그림 1.15는 두 숫자를 입력 받아 더하는 순서도이다.

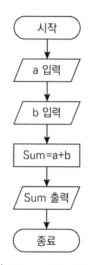

그림 1.15 | 두 수의 합을 구하는 순서도

(12) 가변형 자료형와 불변형 자료형

자료형에는 가변형(mutable), 불변형(immutable)으로 나누고 가변형은 변경이 가능한 데이터의 성질을 의미하고, 불변형은 변경이 불가능한 데이터 성질을 의미한다. 흔히 사용하는 리스트, 튜플, 딕셔너리, 집합, 문자열 중에서 리스트, 딕셔너리, 집합은 가변형이고, 문자열과 튜플은 불변형이고 가변형은 데이터 추가, 삭제 수정이 가능한 메소드를 가지고 있다.

(13) 수 체계의 진법

10진수는 일상에서 가장 많이 사용하는 숫자 체계이고 자릿수의 값이 열개인 0, 1, 2, …, 8, 9이다. 2진수는 컴퓨터가 사용하는 숫자 체계이고 자릿수의 값은 두 개인 0과 1이다. 몇 개의 자릿수를 가진 10진수는 큰 자리 숫자를 가진 2진 형식으로 표현할 수 있다. 10진수 33은 100001인 2진수 형태로 표현할 수 있다.

8진수를 만들기 위해 2진수 형태의 세 개씩 그룹으로 만든 후 숫자로 바꾼 값이다. 8진수 기본 값은 여덟 개이고 0, 1, 2, 3, 4, 5, 6, 7이다. 16진수는 2진수를 네 개의 그룹으로 숫자를 바꾼다. 16진법의 기본 값은 열여섯 개이므로 10진수의 열개와 나머지는 알파벳의 처음 여섯 자로 구성되어 있다. 따라서 16진법의 기본 값은 0, 1, 2, …, 8, 9, A, B, C, D, E, F를 숫자로 사용한다. 표 1.2는 10진수, 2진수, 8진수, 16진수 수체계에 따른 기본 값을 나타낸다.

표 1.2 | 10진수, 2진수, 8진수, 16진수 수체계

십진수	2진수	8진수	16진수
0	0000	0	0
1	0001	1	1
2	0010	2	2
3	0011	3	3
4	0100	4	4
5	0101	5	5
6	0110	6	6
7	0111	7	7
8	1000	10	8
9	1001	11	9
10	1010	12	A
11	1011	13	B
12	1100	14	C
13	1101	15	D
14	1110	16	E
15	1111	17	F

이공학을 위한 **파이썬 실습 보고서**

실험제목	실습 ( )		
학과/학년		학 번	확인
이 름		실 험 반	
실습일자		담당교수	

1.1 대화형 프로그램언어는 REPL(read-eval-print loop)언어로 명령어를 읽고, 평가하여 결과를 출력하고 이 주기가 순환되는 것을 설명하여라.

1.2 파이썬은 절차 지향 프로그래밍 및 객체 지향 프로그래밍을 지원한다. 절차 지향 프로그래밍, 객체 지향 프로그래밍을 각각 설명하여라.

1.3 프로그래밍 언어 번역기인 컴파일러와 인터프리터의 차이점을 설명하여라.

1.4 다음 용어를 설명하여라.

(a) 객체(object)

(b) 브로드캐스팅(broadcasting)

(c) argument와 parameter

(d) floating-point number

1.5 다음 내용을 코딩하기 위한 순서도를 그려보자.

(a) 입력한 세 개의 다른 숫자 중 가장 큰 숫자를 찾는 순서도

(b) 1부터 500까지의 합 구하는 순서도

(c) 초를 입력 받아 시간, 분, 초로 나타내는 순서도

(d) 2차 방정식 $ax^2 + bx + c = 0$의 근을 구하는 순서도

1.6 웹 컴파일러와 그래프를 그려 주는 웹사이트에서 동작을 확인하고 연습하여 보자.

1.7 본 실습에서 느낀 점을 기술하고 추가한 실습 내용을 첨부하여라.

CHAPTER

02 파이썬의 개요

2.1 파이썬의 역사

파이썬(Python)은 네덜란드 암스테르담대에서 컴퓨터과학을 전공한 귀도 반 로섬 (Guido van Rossum, 독일, 1956~)이 만든 언어이다. 그는 국립 수학 및 컴퓨터 과학 연구소(CWI)에서 ABC 언어 개발과 분산시스템을 연구하였고, 새로운 분산환경 시스템 에 알맞으면서 C와 셸에서 부족한 부분을 채워주는 새로운 언어를 개발하고 싶었다고 한다. 그래서 취미활동으로 새로운 언어를 개발하기 시작했다.

파이썬의 영어 의미는 원래 그리스 신화에 나오는 뱀 이름이다. 그림 2.1과 같이 파이 썬 로고에 두 마리의 뱀이 서로 마주보는 그림으로 되어 있다. 하지만 귀도 반 로섬이 실제 파이썬이란 단어를 선택할 당시에는 신화가 아닌 영국 BBC 방송의 코미디 프로그 램인 몬티 파이썬 비행 서커스(Monty Python's Flying Circus)를 좋아해서 가져온 단어 였다고 한다.

그림 2.1 | 파이썬 로고

귀도 반 로섬은 1989년부터 본격적으로 파이썬을 개발하기 시작했고, 1990년 파이썬의 첫 버전을 공개했다. 처음 버전은 CWI 내 동료들이 대부분 이용했으며, 그들의 피드백을 거쳐 개선되어 왔다. 1990년 이후에는 CWI가 아닌 외부에서 파이썬에 대한 소규모 세미나와 워크샵이 열리기 시작했다. 이때부터 몇몇 기업들은 파이썬을 실제 서비스에 하나둘 도입하기 시작했다. 귀도 반 로섬은 CWI 이후 여러 단체와 기업에서 근무하며 파이썬만 전문적으로 개발했다. 이 과정에서 그는 파이썬에 대한 안정성을 높이고, 오픈소스 라이선스도 좀 더 유연하게 변경했다.

```
1989년 12월 파이썬 구현 시작 → Python 0.9(1991년 2월 20일) → Python 0.9.9(1993년
7월 29일) → Python 1.0(1994년 1월) → Python 1.6(2000년 9월 5일)
→ Python 2.0(2000년 10월 16일) → Python 2.7(2010년 7월 3일) → Python 2.7.18
(2020년 서비스 중단)
→ Python 3.0(2008년 12월 3일) → Python 3.7(2018년) → Python 3.81(2019년 1월)
→ …
```

귀도 반 로섬은 2005년부터 아예 구글에 합류했으며, 약 7년 동안 구글에서 파이썬 관련 프로젝트를 이끌었다. 실제로 구글은 파이썬을 많이 사용하는 기업으로 알려져 있다. 구글 내부에서 사용하는 코드 리뷰 도구, '앱 엔진' 같은 클라우드 제품 등이 파이썬을 이용해 만들어졌다. 귀도 반 로섬은 2012년 구글을 떠나 2013년부터 드롭박스(Dropbox)에 합류했다. 드롭박스에서는 현재 파이썬 언어를 개선하는 동시에 API 관련 개발을 진행하고 있다고 한다.

2.2 파이썬 응용

파이썬의 응용 분야는 www.python.org/about/apps에 나타나 있다. 현재 파이썬은 대형 글로벌 기업부터 스타트업까지 다양하게 안정적으로 활용되고 있다. 구글, 야후, 유럽입자 물리 연구소(CERN), 미국항공우주국(NASA) 등이 파이썬을 이용해 서비스를 구

축했다. 구글은 C++, Java, Python을 사용하고 구글 내부 시스템과 많은 구글 API들이 파이썬으로 작성한다. 2006년 구글이 인수한 유튜브, MS, 페이스북, 2012년 페이스북이 인수한 무료 사진공유 사이트인 인스타그램 등이 사용하고 있다. 간단한 텍스트 처리에서부터 WWW 브라우저, 게임에 이르기까지 광범위한 응용 프로그램 개발을 지원한다.

2003년 시각화 도구인 matplotlib으로 Matlab과 R의 ggplot의 기능을 도입했고, 2008년 pandas 라이브러리를 추가하여 금융 데이터 처리가 가능하였으며 2010년 기계학습 라이브러리 Scikit-learn을 추가하여 데이터과학 분야 본격적인 등장이 가능하였다.

2.3 파이썬의 특징

파이썬은 1980년대 후반에 만들어진 범용 언어로 인간이 이해하기 쉽게 설계된 고급 언어이다. 즉 높은 수준의 인터프리터 방식의 대화형 객체 지향 스크립팅 언어이다. 파이썬은 매우 읽기 쉽도록 설계되었고 영어 키워드를 자주 사용하며 다른 언어보다 구문 구조가 적은 인터프리터 언어이다.

파이썬은 인터프리터에 의해 런타임으로 처리하므로 실행하기 전에 프로그램을 컴파일 할 필요가 없다. 파이썬은 대화형이므로 파이썬 프롬프트에서 인터프리터와 직접 상호 작용하여 프로그램을 작성할 수 있다. 파이썬은 간결하고, 직관적이라 배우기 쉽고 초급 수준의 프로그래머에게 훌륭한 언어이며, 다른 언어에 비해 개발시간이 매우 짧다. 파이썬은 간결한 문법이 가장 큰 특징으로, 들여쓰기를 사용해 코드 블록을 구분하기 때문에 높은 가독성을 가진다.

> 들여쓰기란 코드 줄의 시작 부분에 있는 빈 공간으로 다른 프로그래밍 언어에서 코드의 가독성만을 위한 것이지만 파이썬은 코드 블록을 나타내기 위한 것이다. 동일한 코드 블록에 동일한 수의 공간을 사용해야 하며 그렇지 않으면 오류를 발생시킨다.

파이썬은 오픈 소스이고 라이브러리가 아주 풍부하여 기계학습과 빅데이터 등의 데이터 과학분야에서 널리 사용하고 있다.

파이썬이 인터프리터어이기 때문에 C 언어나 Java에 비해 실행속도가 느려 OS나 하드웨어의 제어와 같은 수많은 연산을 하는 작업에는 적합하지 않다. 그리고 멀티 쓰레드 작업에 문제가 있고 한국 자료가 부족한 단점이 있다.

2.4 파이썬과 Matlab

파이썬과 Matlab은 한 줄마다 해석되어 실행되는 인터프리터 프로그래밍 언어이므로 간단한 시제품을 개발할 때 효율이 높고, 실행 시간이 느린 반면에 프로그램 디버깅이 간편하다. 이들을 사용하면 C/C++에 비해서 벡터와 행렬을 다루는 것이 쉽다.

Matlab이 행렬 연산과 선형 대수에 필요한 연산을 간단하게 표현할 수 있도록 하는 것에 초점이 맞추어져 있는 반면에, 파이썬은 객체지향언어로 범용 프로그래밍 언어로 개발되었다. 파이썬에는 다차원 배열을 효율적으로 다룰 수 있는 NumPy와 과학계산용과 수치해석 도구에 특화된 Scipy, 그리고 Matlab의 그래프 기능과 거의 동일한 함수들을 제공하는 matplotlib 등을 조합하면 Matlab에서 목표로 했던 기능 등을 실현할 수 있다.

Matlab은 상용 소프트웨어인 반면에 파이썬은 소스가 공개된 무료 소프트웨어이다. 파이썬은 Matlab에 비해 언어의 구조가 유연하고 다른 프로그래밍 언어와 결합하여 사용하는 것이 쉽기 때문에 다른 언어로 개발되어 있는 많은 과학 연산용은 물론 다양한 분야의 라이브러리를 함께 사용할 수 있다. Matlab은 선형대수 분야의 라이브러리를 기본으로 출발해서 여러 분야의 툴박스들을 제공하면서 영역을 확장했다. 반면에 파이썬은 객체지향 범용 프로그래밍 언어이며 다른 언어와 결합하여 사용하는 것이 쉬워 Fortran, C 등과 같은 다른 언어로 이미 개발되어 있는 라이브러리를 쉽게 이용할 수 있다.

파이썬의 개발 속도가 매우 빠르기 때문에 다양한 버전이 존재한다. 파이썬 2에서 파이썬 3으로 발전하면서 하위 호환성이 없어졌기 때문에 파이썬 2에서 개발된 소프트웨어들이 파이썬 3에서 사용할 수 없는 경우가 많다. 다수의 패키지들을 동시에 사용해야 하는 경우에 각 패키지를 설치할 때 사용했던 파이썬의 버전이 다른 경우에는 모든 패키지를 동시에 사용하는 것이 불가능하다. 그림 2.2는 파이썬과 매트랩을 비교한 그림이다.

그림 2.2 | 파이썬과 Matlab 비교

2.5 파이썬 2와 파이썬 3

파이썬은 크게 2.x 버전과 3.x 버전이 있으며 완전한 하위호환이 이루어지지 않고 (wiki.python.org/moin/Python2orPython3), 외부적으로 문법적인 차이는 크게 없지만 내부적으로는 3.x 버전이 객체지향 언어의 특성에 더 가깝다. 한편 2020년 1월 1일부터 파이썬 2의 서비스가 중단되어(www.python.org/doc/sunset-python-2) 2.x버전은 2.7을 마지막으로 추가 업데이트가 이뤄지지 않고 향후 유지와 보수도 진행되지 않을 예정이다.

라이브러리에는 수치계산용 NumPy, 데이터 분석용 pandas, 그래프 출력을 위한 matplotlib 등은 모두 파이썬 2.x와 3.x과 함께 사용할 수 있지만 파이썬 2의 지원을 하지 않으면 새로운 기능을 제공하지 않으므로 파이썬 3의 최신 버전을 사용해야 한다.

파이썬에서 사용할 수 있는 과학 계산용 라이브러리들을 사용하는 비중이 훨씬 높은데 파이썬 2에서 사용할 수 있도록 만들어진 수많은 과학 계산용 라이브러리들 가운데에는 아직 파이썬 3에서 사용할 수 없는 것들이 있다. 그렇지만 파이썬 2로 작성한 프로그램에 의존하는 것을 제외하고 파이썬 3를 사용해야 한다. 본 교재에서는 Python 3 버전을 사용하도록 한다.

2.6 pip

    파이썬은 pip(Python package index) 상의 라이브러리를 검색 및 설치하는 패키지 관리 시스템을 사용한다. **pip**에는 수십만 개 프로젝트가 올라와 있다. 리눅스나 맥OS와 달리 MS 윈도에서는 **pip**에서 패키지를 설치할 때 중간에 오류가 나올 확률이 높다. 그래서 윈도 사용자는 주요 패키지를 미리 포함한 아나콘다와 같은 배포판 파이썬을 사용하길 추천한다.

    아나콘다도 업데이트가 필요할 때 먼저 관리자 권한으로 **anaconda prompt**를 실행한다. 시작 메뉴에서 **anaconda prompt**라고 검색하거나 아이콘을 선택하고 마우스 오른쪽 버튼을 누르면 관리자 권한으로 실행할 수 있다.

    그리고 **conda update -n base conda** 입력하면 업데이트가 시작하고, 패키지 업데이트 할 경우 **conda update --all** 입력하면 된다. 설치 도중에 **Proceed([y]/n)?**라는 문구가 뜰 때 **y** 혹은 엔터만 하면 된다.

    파이선 3.4부터 **pip**를 내장하고 있는데 **pip** 업데이트는 **python -m pip install ㅡ upgrade pip**를 사용하면 된다. 현재 버전을 확인하기 위해 **conda --version**를 사용한다.

    라이브러리 설치 시 **pip install 라이브러리명**, 제거 시 **pip uninstall 라이브러리명**, 검색 시 **pip search 검색어**, 설치된 목록 출력 시 **pip freeze**를 사용한다. python3 명령으로 실행할 경우 **pip3** 명령을 사용해야 한다.

2.7 파이썬 IDLE

    파이썬 IDLE(Integrated Development and Learning Environment)은 파이썬 프로그램 작성을 도와주는 통합개발 환경이다. 파이썬 프로그래밍 언어를 개발할 수 있는 에디터로 IDLE, Jupyter Notebook, Atom, VS Code, PyCharm 등이 있다.

(1) Python IDLE

파이썬을 설치할 때 기본적으로 설치되는 개발도구이고, 따로 설치가 필요 없지만 많은 기능을 제공하지는 않는다. 구성은 콘솔 창, 코드 편집 창으로 구성하며 코드 창에서 코드를 수정하고 콘솔 창에서 결과를 확인할 수 있다. 파이썬을 처음 사용할 경우 기본적으로 설치되는 IDLE을 사용하는 것이 좋을 것 같다.

(2) Jupyter notebook

Anaconda를 이용하여 Jupyter notebook(구 IPython 노트북)을 설치하고 제공하는 단축키에 익숙해지면, 마우스가 필요 없어져 개발 속도가 빨라진다. 코드와 설명, 이미지들을 쉽게 섞어 사용할 수 있다. 하나의 파이썬 파일에서 코드를 나눠서 실행해 볼 수 있으며 디버깅 기능은 없지만 이를 활용하여 디버깅을 할 수 있다. 단점이 있다면 Jupyter notebook 자체 확장자인 .ipynb를 사용하고 있어서 공유가 필요할 때 따로 변환을 해주어야 한다.

Jupyter라는 이름은 프로그램 언어 Julia, Python, R의 합성어이며, 목성의 발음과 같아 과학자들과 천문학자들에 대한 경의가 담겨 있다. 주피터 노트북 로고의 가운데 큰 원은 목성, 주위 3개 작은 원은 1610년 목성의 위성 3개를 최초 발견한 갈릴레오 갈릴레이를 기리는 의미라 한다.

(3) Visual Studio Code

Visual Studio Code는 code.visualstudio.com에서 내려 받을 수 있다. 파이썬 편집을 위해 파이썬 Extension을 설치해야 한다. 파이썬 Extension은 비주얼 스튜디오 코드를 실행 한 후 Extension 메뉴를 사용하여 설치할 수 있다.

Visual Studio Code는 MS에서 제공하는 오픈소스 프로그램이며, 여러 언어를 코딩할 수 있는 에디터이고, 디버깅 기능을 제공하는 장점을 가진다. C 나 C++ 등을 개발할 때 Visual Studio를 사용하고 Visual Studio에 비해 Visual Studio Code는 매우 가볍다.

(4) Atom

Atom으로 파이썬을 개발하기 위해서는 파이썬 패키지를 설치해야 한다. Atom에서 제공하는 다양한 패키지를 적용할 수 있다는 장점이 있지만 그 패키지들을 찾아서 설치해주어야 하는 단점이다.

(5) PyCharm

PyCham(파이참)은 www.jetbrains.com/pycharm/download에서 내려 받을 수 있다. 코드를 작성할 때 자동완성, 문법체크 등 편리한 기능을 많이 제공하는 가장 유명한 파이썬 에디터 중 하나이다.

2.8 파이썬 배포판

배포판(distribution)이란 파이썬에 작동하는 여러 종류의 프로그램들을 하나의 모음으로 모아놓은 것을 말한다.

(1) 아나콘다 파이썬

아나콘다(Anaconda)는 천개 이상 패키지를 가지는 데이터 과학과 머신러닝 뿐 아니라 일반 용도의 개발을 위한 배포판으로 많이 사용된다. 아나콘다 배포판은 NumPy, SciPy, pandas, matplotlib, IPython, 주피터 노트북, 그리고 Scikit-learn 등의 패키지에 손쉽게 접근할 수 있게 해준다. 아나콘다와 쉽게 묶이는 것은 아니지만 **Conda**라는 사용자 정의 패키지 관리 시스템을 통해 사용 가능하다. 아나콘다는 www.anaconda.com/distribution 에서 다운받을 수 있다.

(2) C 파이썬

C 파이썬(CPython)은 공식적이고 순수한 파이썬 버전을 이용해 머신러닝 작업을 처음부터 시작할 경우 많이 사용한다. C로 작성된 파이썬 런타임의 기준 에디션인 C 파이썬은 파이썬 소프트웨어재단(Python Software Foundation)의 웹사이트에서 제공되며 파이썬 스크립트를 실행하고 패키지를 관리하기 위해 필요한 툴만 제공한다.

(3) 액티브 파이썬

데이터 과학은 파이썬 언어의 전문적인 지원 버전으로써 개발된 액티브 파이썬 (ActivePython)의 사용 예 중 하나이다. 아키텍처와 플랫폼에서 일관되게 이행되는 액티브 파이썬은 AIX, HP-UX, 솔라리스(Solaris) 뿐 아니라 윈도우, 리눅스, 맥OS 등의 플랫폼에서 데이터 과학을 위해 파이썬을 사용하는 경우에도 도움이 된다. 액티브 파이썬은 www.activestate.com/products/python에서 다운받을 수 있다.

2.9 파이썬 모듈

파이썬은 키워드와 보조 소프트웨어의 조합인 모듈 혹은 패키지로 구성되어 있다. 그리고 과학적인 계산을 위해 사용되는 모듈은 아래의 네가지 종류가 있다

(1) NumPy

NumPy(NUMeric Python)는 파이썬과 함께 과학적인 계산을 위한 표준 패키지이다. 다차원 행렬을 위한 기능과 선형대수 연산과 푸리에 변환 같은 고수준 수학 함수와 유사 난수 생성기를 포함한다. 자세한 NumPy에 대한 정보는 docs.scipy.org/doc/numpy/refernce/index.html에서 참조할 수 있다.

(2) SciPy

SciPy(SCIentific Python)는 파이썬을 위한 수학적인 함수와 수치 프로그램의 넓은 범위를 제공한다. 고성능 선형 대수, 함수 최적화, 신호 처리, 특수한 수학 함수와 통계 분포 등을 포함한 많은 기능을 제공하고 SciPy는 NumPy 배열을 확장시킨다. SciPy에 관한 정보는 docs.scipy.org/doc/scipy/reference에서 참조할 수 있다.

(3) matplotlib

matplotlib(MAThematics PLOTting LIBrary)는 데이터를 2차원, 3차원 그래프를 그리는 표준 파이썬 패키지이며 NumPy 배열의 확장되게 사용할 수 있다. 선 그래프, 히스토

그램, 산점도 등을 지원하며 고품질 그래프를 그려준다. matplotlib에 대한 정보는 matplotlib.sourceforge.net에서 참조할 수 있다.

(4) pandas

판다스(pandas : PANel DAtaS)는 데이터 처리와 분석을 위한 다양한 기능을 제공해 주는 파이썬 라이브러리이며 한 개 이상 시리즈를 가진 데이터프레임(DataFrame)이다. 엑셀과 같은 스프레드시트에 사용하는 테이블형 데이터 구조이고 R을 본떠서 설계한 데이터프레임이라는 데이터 구조를 기반으로 만들어졌다. 다른 형태와 시계열의 복잡한 데이터 표를 쉽게 읽고 처리할 수 있다. pandas에 관련된 정보는 pandas.pydata.org에서 참조할 수 있다.

(5) Scikit-learn

Scikit-learn(sklearn)은 SciKits(SciPy Tookits)로부터 시작한 파이썬 머신러닝 라이브 러리이며 오픈 소스이다. 2007년부터 다른 파이썬의 과학 패키지들과 잘 연동되고 튜토 리얼과 예제 코드를 온라인에서 쉽게 찾을 수 있다. Scikit-learn은 파이썬의 두 NumPy, SciPY 패키지를 사용한다. Scikit-learn에 관련된 정보는 scikit-learn.org/stable에서 참조 할 수 있다.

(6) SymPy

SymPy(SYMbolic Python)는 심볼릭 연산을 지원하는 파이썬 패키지이다. 속도, 시 각화, 대화형 세션을 위한 선택 확장이 포함되어 있다. SymPy에 관련된 정보는 www.sympy.org/en/index.html에서 참조할 수 있다.

2.10 파이썬 라이브러리 버전

이 책에서 사용한 라이브러리의 버전을 출력하는 코드와 실행 결과는 다음과 같다.

```
In [1]:  # Python Libray Version
         import sys
         print("Python 버전:", sys.version)
         import numpy as np
         print("NumPy 버전:", np.__version__)
         import scipy as sp
         print("Scipy 버전:", sp.__version__)
         import matplotlib
         print("matplotlib 버전:", matplotlib.__version__)
         import pandas as pd
         print("pandas 버전:", pd.__version__)
         import sklearn
         print("scikit-learn 버전:", sklearn.__version__)
         import sympy
         print("SymPy 버전:", sympy.__version__)
         import IPython
         print("IPython 버전:", IPython.__version__)

         Python 버전: 3.7.4 (default, Aug  9 2019, 18:34:13) [MSC v.1915 64 bit (AMD64)]
         NumPy 버전: 1.16.5
         Scipy 버전: 1.3.1
         matplotlib 버전: 3.1.1
         pandas 버전: 0.25.1
         scikit-learn 버전: 0.21.3
         SymPy 버전: 1.4
         IPython 버전: 7.8.0
```

2.11 파이썬 키워드

키워드는 예약된 단어(예약어)이며 파이썬에서 이미 사용되고 있는 단어들을 지칭하며 이미 문법적인 용도로 사용(syntax)되기 때문에 변수명 등의 식별자로 사용하면 문제가 발생한다.

파이썬의 키워드 종류를 알아보는 코드는 keyword 모듈을 불러오고, 다음은 keyword 모듈이 지원하는 kwlist를 출력하도록 한다.

많이 사용되는 키워드는 **if, for, while, else, break, return, continue, def, import, global, in** 등이고 키워드처럼 의미나 역할이 정해져 있는 몇 가지의 기호와 함께 사용해 소스코드를 작성하면 된다. 다음은 파이썬의 키워드를 확인하면 다음과 같다.

```
In [1]:   # Reserved Words(Key words)
          import keyword
          print (keyword.kwlist)

          ['False', 'None', 'True', 'and', 'as', 'assert', 'async', 'await', 'break', 'class',
          'continue', 'def', 'del', 'elif', 'else', 'except', 'finally', 'for', 'from', 'globa
          l', 'if', 'import', 'in', 'is', 'lambda', 'nonlocal', 'not', 'or', 'pass', 'raise',
          'return', 'try', 'while', 'with', 'yield']
```

파이썬 셸에서 **help( )**를 입력하면 그림 2.3과 같이 나타난다. **help** 프롬프트에 keywords를 입력하면 그림 2.4와 같은 예약어를 확인할 수 있다. 기능이 궁금한 예약어를 입력하면 해당 예약어의 설명을 볼 수 있고, 아무 것도 입력하지 않은 상태에서 엔터 키를 입력하면 도움말을 빠져나온다.

```
In [1]: help()

Welcome to Python 3.7's help utility!

If this is your first time using Python, you should definitely check out
the tutorial on the Internet at https://docs.python.org/3.7/tutorial/.

Enter the name of any module, keyword, or topic to get help on writing
Python programs and using Python modules.  To quit this help utility and
return to the interpreter, just type "quit".

To get a list of available modules, keywords, symbols, or topics, type
"modules", "keywords", "symbols", or "topics".  Each module also comes
with a one-line summary of what it does; to list the modules whose name
or summary contain a given string such as "spam", type "modules spam".

help>
```

그림 2.3 | help( ) 입력 후 나타나는 화면

```
help> keywords

Here is a list of the Python keywords.  Enter any keyword to get more help.

False               class               from                or
None                continue            global              pass
True                def                 if                  raise
and                 del                 import              return
as                  elif                in                  try
assert              else                is                  while
async               except              lambda              with
await               finally             nonlocal            yield
break               for                 not


help>
```

그림 2.4 | help> keywords를 입력 후 화면

2.12 내장 함수

파이썬 3.7.6 인터프리터에는 표 2.1과 같이 항상 사용할 수 있는 많은 함수와 형이 내장되어 있다. 파이썬의 대표적인 내장 함수(built-in functions)로는 **abs**, **max**, **min**, **print**, **chr**, **str**, **range**, **type** 등이 있고 자세한 설명은 docs.python.org/3.7/library/functions.html에서 참고할 수 있다.

표 2.1 | 내장함수 종류

cbs()	delatter()	hash()	memoryview()	set()
all()	dict()	help()	min()	setattr()
any()	dir()	hex()	next()	slice()
ascii()	divmod()	id()	object()	sorted()
bin()	enumerate()	input()	oct()	staticmethod()
bool()	eval()	int()	open()	str()
breakpoint()	exec()	isinstance()	ord()	sum()
bytearray()	filter()	issubclass()	pow()	super()
bytes()	float()	iter()	print()	tuple()
callable()	format()	len()	property()	type()
chr()	frozenset()	list()	range()	vars()
classmethod()	getatter()	locals()	repr()	zip()
compile()	globals()	map()	reversed()	_import__()
complex()	hasattr()	max()	round()	

(1) abs

수치형 자료에 대해 절대값을 반환하는 함수이다. 인자를 실수 값을 받는데 5, -5을 인자로 넣고 abs 함수를 사용하면 결과는 절대값을 반환한다.

```
In [1]:   print (abs(5)) # 양수의 절댓값
          print (abs(-5)) # 음수의 절댓값
```
```
5
5
```

(2) max

순서 자료형(문자열, 리스트, 튜플)을 입력받아 그 자료가 지닌 원소 중 최대값을 반환하는 함수다. 첫 줄은 4과 5 중 더 큰 5를 반환하고, 두 번째 줄은 리스트의 원소 중제일 큰 6을 반환하며, 세 번째 줄은 문자열 중 ASCII 코드 값이 가장 큰 문자 y를 반환한다.

```
In [1]:   print(max(4,5)) # 수의 최댓값
          print(max([4,5,6])) # 리스트의 최댓값
          print(max("python")) # 문자열의 ASCII 코드값의 최댓값
```
```
5
6
y
```

(3) min

순서 자료형(문자열, 리스트, 튜플)을 입력받아 그 자료가 지닌 원소 중 최소값을 반환하는 함수다. 첫 번째 줄은 4과 5 중 더 작은 4를 반환하고, 두 번째 줄은 리스트의 원소중 제일 작은 4를 반환하며, 세 번째 줄의 문자열 중 ASCII 코드값이 가장 작은 문자h를 반환한다.

```
In [2]:   print(min(4,5)) #수의 최솟값
          print(min([4,5,6])) # 리스트의 최솟값
          print(min("python")) # 문자열의 ASCII 코드값의 최솟값
```
```
4
4
h
```

(4) pow(x,y)

수치형 자료형 x, y에 대해 x의 y승을 반환하는 함수다. 첫 번째 줄은 2의 3승을 출력하고, 두 번째 줄은 2의 -2승을 출력한다.

```
In [3]:  print(pow(2,3)) # 양수의 지수
         print(pow(2,-2)) # 음수의 지수
```

```
8
0.25
```

(5) str(object)

임의의 객체에 대해 해당 객체를 표현하는 문자열을 반환하는 함수다. 첫 번째 줄은 객체를 출력했을 때 정수를 반환하고, 두 번째 줄은 리스트를 반환한다.

```
In [4]:  print(str(3)) # 객체_정수
         print(str([2,3])) # 객체_리스트
```

```
3
[2, 3]
```

(6) range([start], stop, [step])

수치형 자료형으로 **start, stop, step** 등을 입력받아 해당 범위에 해당하는 정수를 리스트로 반환하는 함수다. **range([start], stop, [step])**에서 **start**와 **step**은 생략할 수 있다. 인수가 하나(**stop**)인 경우는 0부터 **stop**-1까지의 정수 리스트를 반환한다. 인수가 두 개 (**start, stop**)인 경우는 **start**부터 **stop**-1까지의 정수 리스트를 반환한다. 인수가 세 개 (**start, stop, step**)인 경우는 **start**부터 **stop**-1까지의 정수를 반환하되 각 정수 사이의 거리가 **step**인 것들만 반환한다.

첫 번째 줄은 0부터 (10-1)까지의 정수 리스트를 반환하고, 두 번째 줄은 2부터 (10-1)까지의 정수 리스트를 반환하며, 세 번째 줄은 2부터 (10-1)까지 두 개씩 건너 띈 정수 리스트를 반환한다.

```
In [6]:  list(range(10)) # 0부터 정수 리스트
```
```
Out[6]:  [0, 1, 2, 3, 4, 5, 6, 7, 8, 9]
```

```
In [7]:  list(range(2,10)) # 시작 숫자부터 정수 리스트
```
```
Out[7]:  [2, 3, 4, 5, 6, 7, 8, 9]
```

```
In [8]:  list(range(2,10,2)) # step을 가진 리스트
```
```
Out[8]:  [2, 4, 6, 8]
```

(7) type(object)

임의의 객체의 자료형을 반환하는 함수이므로 객체의 자료형을 알 수 있다. 첫 번째 줄은 3의 자료형인 **int**(정수형) 반환하고, 두 번째 줄은 [4, 5, 6]의 자료형인 **list**(리스트)를 반환하며, 세 번째 줄은 파이썬의 자료형인 **str**(문자형)을 반환한다.

```
In [9]:  print(type(3)) # 객체의 자료형
         print(type([4,5,6])) # 객체의 자료형
         print(type("python")) # 객체의 자료형

         <class 'int'>
         <class 'list'>
         <class 'str'>
```

(8) round(x)

round(x)는 소수점을 가까운 정수까지 반올림, 버림으로 반환한다. **round(x, n)**는 소수점 아래 **n** 번째 이하를 반올림, 버림 한 뒤 반환한다. 첫 번째 줄은 3.14159를 소수점에서 반올림 한 것이고 두 번째는 3.14159를 소수점 아래 4 번째 이하를 반올림, 버림한 뒤 반환한다.

```
In [1]:  print(round(3.14159)) # 반올림
         print(round(3.14159, 4)) # 소숫점 4번째 아래를 반올림

         3
         3.1416
```

2.13 외장함수

외장함수란 파이썬 사용자들이 만든 유용한 프로그램들을 모아놓은 파이썬 라이브러리이다. 파이썬 표준 라이브러리의 자세한 정보는 docs.python.org/3/library에서 참조하기 바란다.

(1) sys

sys 모듈은 파이썬 인터프리터가 제공하는 변수들과 함수들을 직접 제어할 수 있게 해준다. 그 중 **sys.path**는 파이썬 모듈들이 저장되어 있는 위치를 나타내고 "는 현재 디렉토리를 의미한다.

```
import sys
sys.path
```

```
['d:\\work\\jupyter\\Python programmming_book',
 'C:\\Anaconda3\\python37.zip',
 'C:\\Anaconda3\\DLLs',
 'C:\\Anaconda3\\lib',
 'C:\\Anaconda3',
 '',
 'C:\\Anaconda3\\lib\\site-packages',
 'C:\\Anaconda3\\lib\\site-packages\\win32',
 'C:\\Anaconda3\\lib\\site-packages\\win32\\lib',
 'C:\\Anaconda3\\lib\\site-packages\\Pythonwin',
 'C:\\Anaconda3\\lib\\site-packages\\IPython\\extensions',
 'C:\\Users\\user\\.ipython']
```

(2) pickle

객체의 형태를 그대로 유지하면서 파일에 저장하고 불러올 수 있게 하는 모듈이다. 다음 예제는 **pickle** 모듈의 **dump** 함수를 이용하여 문자열을 파일에 저장하고, 저장된 파일을 **pickle.load**를 이용해서 원래 객체(data) 상태로 불러오는 것이다.

```
import pickle
f = open("test2.txt", 'wb')
data = {'I study Python Progamming'}
pickle.dump(data, f)
f.close()
```

```
f = open("test2.txt", 'rb')
data = pickle.load(f)
print(data)
```

{'I study Python Progamming'}

(3) os

os 모듈은 환경변수, 디렉토리, 파일 등을 제어할 수 있게 해준다. **os.getcwd**는 현재 디렉토리 위치를 보여준다.

```
import os
os.getcwd()
```

'd:₩₩work₩₩jupyter₩₩Python programmming_book'

(4) shutil

shutil은 파일을 복사해주는 파이썬 모듈이다. **shutil(a, b)** 형식으로 사용되며, a파일을 b라는 이름으로 파일을 복사한다.

```
import shutil
shutil.copy("opentest.txt", "test1.txt")
```

'test1.txt'

(5) glob

glob은 특정 디렉토리에 있는 파일들을 읽어서 *, ?로 원하는 파일만 리스트로 리턴한다.

아래 예제는 경로에 존재하는 M으로 시작하는 파일을 리스트로 나타낸다.

```
import glob
glob.glob("C:/Program Files/M*")
```

```
['C:/Program Files₩₩Microsoft Office',
 'C:/Program Files₩₩Microsoft Silverlight',
 'C:/Program Files₩₩ModifiableWindowsApps',
 'C:/Program Files₩₩MSBuild']
```

(6) tempfile

tempfile은 파일을 임시로 만들어서 사용하는 모듈이다. **tempfile.mktemp()**는 중복되지 않는 임시 파일의 이름을 무작위로 만들어주는 함수이다.

```
import tempfile
filename = tempfile.mktemp()
filename
```

```
'C:₩₩Users₩₩user₩₩AppData₩₩Local₩₩Temp₩₩tmpw3t44jao'
```

(7) time

time은 시간과 관련된 모듈이다. **time.localtime()**은 연도, 달, 월, 시, 분, 초의 형태로 바꾸어 주는 함수이다.

```
import time
time.localtime()
```

```
time.struct_time(tm_year=2020, tm_mon=2, tm_mday=24, tm_hour=16, tm_min=
9, tm_sec=34, tm_wday=0, tm_yday=55, tm_isdst=0)
```

(8) calendar

calendar는 파이썬에서 달력을 볼 수 있게 해주는 모듈이다. **calendar.calendar(연도)**는 그 해의 전체 달력을 볼 수 있고 다음의 예제는 2020년 6월의 달력만 보여 준다.

```
import calendar
calendar.prmonth(2020, 6)
```

```
      June 2020
Mo Tu We Th Fr Sa Su
 1  2  3  4  5  6  7
 8  9 10 11 12 13 14
15 16 17 18 19 20 21
22 23 24 25 26 27 28
29 30
```

(9) random

random은 난수를 발생시키는 모듈이다. 다음은 0~1.0 사이의 실수 중에서 난수 값을
나타내는 예이다.

```
import random
random.random()
```

0.9442481725040381

(10) webbrowser

webbrowser은 본인의 시스템에서 사용하는 기본 웹 브라우저가 자동으로 실행되게
하는 모듈이다. 아래의 예제는 웹 브라우저를 자동으로 실행시켜 해당 URL로 가게
해준다.

```
import webbrowser
webbrowser.open("http://www.dyu.ac.kr")
```

True

2.14 디버깅

디버깅(debugging)은 버그(오류)가 발생한 위치를 파악해서 분석한 후 올바르게 고치는 과정이다. 오류의 종류는 크게 분류하면 구문 오류(syntax error), 논리 오류(logic error), 의미론적 오류(semantic error) 등이 있다. 표 2.2는 파이썬 오류 메시지 종류를 나타내고 있다.

표 2.2 | 파이썬 오류 메시지

오류 메시지	오류 의미
SyntaxError: invalid syntax	구문 오류: 문법에 맞지 않음
SyntaxError: can't assign to literal	변수이름은 숫자로 시작할 수 없음
SyntaxError: EOL while scanning string literal	따옴표 ', " 의 짝이 맞지 않음
IndentationError: expected an indented block	들여쓰기 오류: 들여쓰기를 해야 함
NameError: name 'a' is not defined	이름 오류: 이름 'a'가 정의되지 않음
TypeError:	유형 오류:
ValueError:	값 오류:
AttributeError:	속성 오류:
IndexError: list index out of range	리스트의 index 범위를 초과함.
ZeroDivisionError: division by zero	영 나눗셈 오류: 영(0)으로 나눌 수 없음
ImportError: No module named 'my_module'	import 하는 모듈 이름을 잘못 입력했거나, 해당 모듈이 존재하지 않음
KeyError:	키 오류:
ModuleNotFoundError: No module named	모듈의 이름이 잘못되었을 때 발생하는 에러
AttributeError: module ... has no attribute ...:	모듈의 변수나 함수의 이름을 잘못되었을 때 발생하는 에러

코딩과 프로그래밍 차이점

코딩(coding)은 기본적으로 한 언어에서 다른 언어로 코드를 만드는 과정이다. 프로그래밍의 초기 단계를 실제로 구현하기 때문에 프로그래밍의 부분집합이다. 보통 사람의 생각을 컴퓨터가 이해할 수 있도록 번역하는 작업이다. 언어에는 '인간의 언어', 인간과 컴퓨터를 연결해 주는 '프로그래밍 언어', 컴퓨터가 이해하는 '2진수 기계어' 등이 있다.

프로그래밍(programming)은 오류 없이 실행할 수 있는 기계 레벨 프로그램을 개발하는 과정이다. 인간의 입력과 해당 기계 출력이 동기화된 상태를 유지하도록 공식적으로 코드를 작성하는 과정이다. 기본적으로 디버깅과 컴파일에서부터 소프트웨어 제품의 테스트와 구현에 이르는 모든 과정을 포함한다. 그러나 코딩과 프로그래밍은 소프트웨어 개발 산업에서 가장 중요한 두 가지 접근 방식이지만 보통 코딩과 프로그래밍을 동의어로 부르는 경우가 많다.

쓰레드와 프로세스

프로세스는 직렬로 한 개의 일을 순서대로 처리하는 하나의 루틴을 가지고 있다. 쓰레드(thread)를 사용하면 하나의 프로세스 안에서 여러 개의 루틴을 만들어서 병렬적으로 실행할 수 있다. 파이썬 프로그램은 하나의 메인 쓰레드가 파이썬 코드를 순차적으로 실행하는 기본적으로 하나의 쓰레드에서 실행된다. 코드를 병렬로 실행하기 위해서는 별도의 쓰레드를 생성해야 하며, 파이썬에서 쓰레드를 생성하기 위해서는 쓰레딩(threading) 모듈을 사용할 수 있다.

이공학을 위한 **파이썬 실습 보고서**

실험제목	실습 ( )		
학과/학년		학 번	확인
이 름		실 험 반	
실습일자		담당교수	

2.1 다른 프로그래밍언어에 비교하여 파이썬 프로그래밍 언어의 특징을 적어보아라.

2.2 파이썬에 사용되는 라이브러리를 열거하고 각 라이브러리의 기능을 설명하여라.

2.3 파이썬 2와 파이썬 3의 차이점에 대해 설명하여라.

2.4 파이썬 프로그래밍 언어를 사용하는 분야를 열거하여라.

2.5 본 실습에서 느낀 점을 기술하고 추가한 실습 내용을 첨부하여라.

03 파이썬 설치 및 편집기 사용법

3.1 파이썬 공식 사이트에서 파이썬 설치

(1) 프로그램 설치 준비

01 파이썬 프로그램 설치는 파이썬 공식 배포판을 이용하여 설치하든지 데이터 분석에 유용한 라이브러리가 많이 포함된 아나콘다와 같은 배포판을 사용하여 설치한다. 배포판에 포함되어 있는 라이브러리들이 불필요한 경우에는 기본 파이썬만 설치하지만 윈도우에서 나중에 **pip**로 패키지를 추가 설치하면 중간에 에러가 나는 경우가 많다.

요즘 각광받는 인공지능이나 빅데이터 관련 개발을 할 경우에는 결국 아나콘다와 같은 배포판에 포함된 라이브러리들을 설치해야하므로 처음부터 배포판을 설치하는 것을 추천한다.

그리고 파이썬이나 아나콘다 중 하나만 설치하는 것을 추천한다. 둘 모두 설치할 경우 중복되는 파일들이 많으며 환경 변수 충돌 등의 문제가 발생할 수도 있다.

02 설치할 내 컴퓨터의 운영체계(윈도우, MacOs, 등)와 운영체계가 32비트 혹은 64비트(윈도우탐색기(WIN+E)에서 내 PC/마우스 우클릭/속성)를 확인한다.

그림 3.1 | 운영체계는 윈도우 64비트

03 기존에 원하지 않는 버전의 파이썬이 설치된 경우 파이썬 파일을 삭제한다.

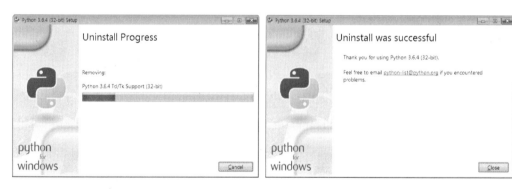

그림 3.2 | 파이썬 파일을 삭제   그림 3.3 | 파이썬 파일을 삭제 종료

(2) 파이션 프로그램 설치

01 파이썬 공식 다운로드 사이트(https://www.python.org/downloads/)에서 설치할 컴퓨터 운영체제와 원하는 버전을 선택하여 설치 파일을 다운로드한다.

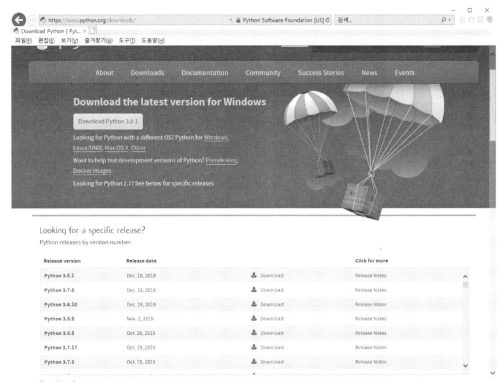

그림 3.4 | 파이썬 공식 다운로드 사이트

02 설치파일을 클릭하고, 나오는 화면에서 다음 사항을 확인한다.

- **Add Python 3.8 to PATH** 체크한다.
- 사용자 지정설정(Customize installation)을 한다.
- 설치경로를 편리하게 사용하기 위해 C 드라이브 아래에 **Python(파이썬 버전)** 폴더
  를 만들어 관리하는 것이 편리하며 예로 C:/Python38로 한다.
- **Install for all users**을 체크한다.

파이썬 설치 후 환경변수를 설정하고자 하거나, 환경변수를 재설정하고자 할 때 환경변수 설정
(**Path**)한다.
고급시스템설정 → 시스템속성/환경변수 → 환경변수/시스템변수/Path/편집/새로만들기 →
python.exe 실행파일이 있는 경로를 입력(C:\Python38\Scripts\; C:\Python38\;)
→ 확인을 클릭하면 된다.

03 설치가 끝나면 앱 목록에서 확인이 되고 동작 확인을 위해 IDLE 바로 아래에 있는 셸을 선택한다. 혹은 윈도우 버튼 옆 웹 및 윈도우 검색창에 **cmd**를 입력하여 명령 프롬프트를 실행하고 **python**을 입력한다. 혹은 윈도우 10 파워 셸(PowerShell)에서 파이썬을 실행해 본다. 설치 시 **Add Python 3.8 to PATH**를 체크했기 때문 **python.exe**가 없는 위치에서도 실행이 된다.

04 명령 프롬프트(도스창) 실행하고 설치된 패키지 확인(**pip list**)하고, **pip** 버전을 업데이트 하기(**pip install -upgrade pip**) 명령을 실행한다. 설치된 패키지 확인(**pip list**) 으로 **pip** 버전 변경된 것을 확인한다. 새로운 패키지(pandas, NumPy, matplotlib 등)를 설치하기 위해(**pip install [패키지명]**) 필요한 라이브러리는 **pip** 명령어 이용하여 다운 한다.

> pip(the package installer for Python)는 Python Package Index(PyPI) 저장소 로부터 파이썬 패키지를 받아 설치하는 패키지 관리 도구이다.

3.2 아나콘다를 이용하여 파이썬 설치

아나콘다(Anaconda)는 Continuum Analytics에서 개발한 파이썬 배포판이며 데이터 과학 분석에 필요한 오픈소스를 모아놓은 개발 플랫폼(가상환경 관리자, 패키지 관리자 제공)이다.

가상환경 관리자를 각 프로젝트별 개발환경을 효율적으로 구성할 수 있다. 그리고 수준 높은 패키지 관리자를 통해서 파이썬의 효율성을 극대화시켜 활용할 수 있다. 파이썬 설치를 기본 지원하고 NumPy, SciPy, Sklearn(Scikit-learn, 사이킷런) Jupyter notebook, matplotlib, Tensorflow 등의 데이터 분석, 머신러닝을 하는데 필요한 파이썬 라이브러리 들을 모아 놓은 패키지 설치에 도움이 된다.

그림 3.5와 같이 파이썬 공식 홈페이지(www.python.org)로 설치 한 경우 **pip** 툴만을

포함하고, 필요한 패키지나 라이브러리 등을 설치할 때 모두 수동으로 해줘야 한다. 그러나 아나콘다는 파이썬 기본 패키지에 각종 수학/과학 라이브러리들 panda, NumPy, SciPy, Sklearn, matplotlib, Jupyter notebook 등이 포함되어 있다.

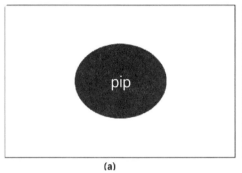
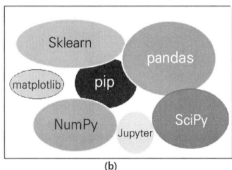

그림 3.5 | 설치 방법에 따른 라이브러리 종류 (a) 파이썬 (b) 아나콘다

(1) 아나콘다를 설치하면 아나콘다에 포함된 데이터 분석 라이브러리와 가장 잘 호환되는 버전의 파이썬도 함께 설치된다. 컴퓨터에 파이썬이 설치되어 있다면 파이썬을 제거하고 아나콘다를 설치한다. 파이썬이 중복 설치되면 프로그램 실행 도중 오류가 발생할 수 있다.

(2) 아나콘다를 설치할 내 컴퓨터의 운영체계(Windows, MacOs, 리눅스 등)와 운영체계가 32비트 혹은 64비트를 확인한다. 그리고 원하는 드라이브에 Anaconda3 디렉토리를 만드는데 여기서 C:\Anaconda3으로 한다.

(3) 아나콘다 홈페이지(www.anaconda.com/distribution)에 접속하여 파이썬의 원하는 버전을 선택한다. 여기서 Python 3.7 version의 64-Bit Graphic Installer를 선택하여 아나콘다 설치 파일을 실행한다(버전은 시간이 지나면 계속 바뀌는데 파이썬 버전 3.x로 시작하는 버전을 받으면 된다).

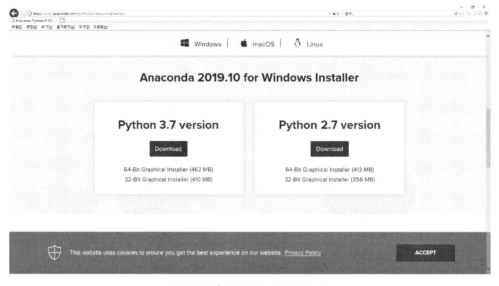

그림 3.6 | 아나콘다 인스톨러 창

그림 3.7 | 파일 실행 창

(4) 아나콘다 설치파일(Anaconda3-2019.10-Windows-x86_64.exe)을 실행하면 설치 화면이 표시된다. **Next>**를 클릭하여 설치를 진행한다. 라이선스 동의 창이 나오면 **I Agree**를 클릭한다.

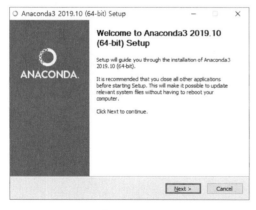

그림 3.8 | 아나콘다 설치 시작

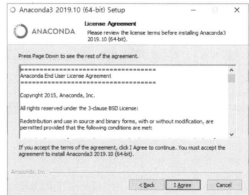

그림 3.9 | 라이선스 동의 창

(5) 설치권한 선택화면이 나타난다. 여기서는 기본값 그대로 **Just Me(recommended)** 를 선택하고 **Next>**를 클릭한다.

아나콘다가 설치할 경로를 지정할 수 있는 화면이 나타난다. 여기서도 기본값은 C:\Users\<사용자계정>\Anaconda3이지만 여기서 Anaconda3 디렉토리는 C:\Anaconda3 로 변경하고, **Next >**를 클릭하며, 디렉토리는 변경해도 상관없지만 나중에 어디에 있는 지 기억해야 한다.

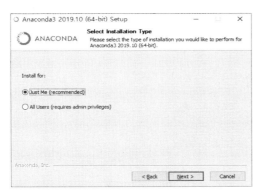
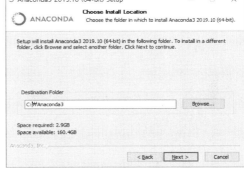

그림 3.10 | 설치권한 선택화면   그림 3.11 | 설치 위치 설정

(6) 아나콘다의 세부 옵션을 지정하는 화면이 나타난다. 아나콘다의 경로를 환경변수 의 **PATH**에 추가할 지 설정하는 화면이다. **Add Anaconda to my PATH environment variable**의 체크를 해제한 뒤 **Install**을 클릭한다. 아나콘다의 python.exe는 **PATH**에 추 가하지 않더라도 시작 메뉴의 Anaconda Prompt를 통해 사용할 수 있다. **Install**을 눌러 설치를 진행한다.

아나콘다가 설치한다. 파일이 많으므로 10분 내외 시간이 걸릴 수도 있다. 설치가 완 료되고 나면 **Next >**를 눌러 다음으로 넘어간다.

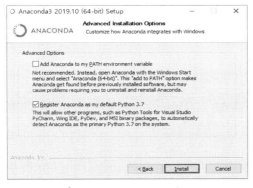
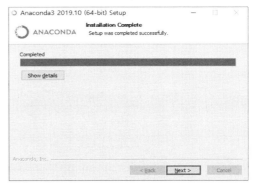

그림 3.12 | 환경변수 PATH에 추가하지 않음   그림 3.13 | 아나콘다 설치 완료

(7) PyCharm 편집기 안내창이 나타난다. 참고용이므로 읽어보고 **Next >**를 누른다. **Thanks for installing Anaconda3!**라는 창이 나타난다. 아나콘다 클라우드 설명은 읽지 않아도 된다. **Learn more about Anaconda Cloud** 등은 체크를 해제하고 **Finish**를 눌러 설치를 완전히 마무리한다. 클릭하면 아래 두 개의 사이트가 나타난다.(docs.anaconda.com/anaconda/user-guide/getting-started/, anaconda.org/)

그림 3.14 | PyCharm 설명 창

그림 3.15 | 아나콘다 설치 프로그램 종료

(8) 아나콘다가 잘 설치되었는지 확인하기

아나콘다가 잘 설치되었는지 확인하려면 아나콘다 프롬프트(Anaconda Prompt)가 설치되어 있는지 확인해 보면 된다. 윈도우 10의 경우 돋보기(프로그램 및 파일검색) 버튼을 누르고 검색창에 **Anaconda Prompt**라고 입력하면 아나콘다 프롬프트가 검색된다. 혹은 **시작** 버튼을 눌러 **Anaconda3** 폴더가 보이는지 확인해 본다.

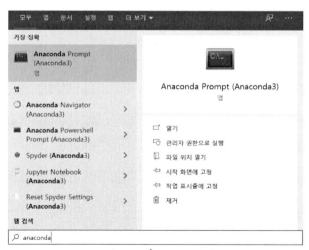

그림 3.16 | 돋보기 검색

(9) 명령 프롬프트에서 바로 사용하기 위한 환경변수 path에 디렉토리 추가하기

아나콘다가 설치된 드라이브:\...**Anaconda3**과 아나콘다가 설치된 드라이브:\...\
Anaconda3\scripts 환경변수 path에 디렉토리를 추가한다.

01 내 PC/오른쪽 마우스크릭/속성/고급시스템설정/환경변수/시스템변수에서 **Path**를
찾아 클릭한다.

그림 3.17 | 환경변수 path 변경 창

02 환경변수 창에서 편집을 누르면 환경변수 편집창이 나타나고 이 창에서 새로 만
들기를 선택하고 기존 **Path**에 아나콘다가 설치된 경로(C:\Anaconda3와 C:\Anaconda3\
Scripts)를 추가한 후 확인을 누른다.

그림 3.18 | 환경변수 편집 창

3.3 Anaconda Prompt 사용법

(1) 아나콘다 프롬프트 아이콘 ![아이콘] Anaconda Prompt 을 클릭하거나 검색에서 Anaconda Prompt를 찾아 실행한다. 프롬프트가 준비되면 python 명령을 실행해서 파이썬 셸로 들어가면 파이썬 버전을 확인할 수 있고 >>> 명령화면 다음에 커서가 깜빡인다.

(2) 파이썬 셸이 준비되면 **print("Hello Python")** 명령과 1에서 10까지 더하기 계산을 출력을 통해 파이썬이 잘 작동하는지 확인한다.

(3) 파이썬에서 빠져나가는 방법은 **exit()** 혹은 **Ctrl+z**한 후 **Return**을 누른다. 파이썬, 아나콘다, **pip** 버전을 확인한다.

> Anaconda 명령 프롬프트는 명령 프롬프트와 동일하지만 디렉토리나 경로를 변경하지 않고도 프롬프트에서 anaconda 및 conda 명령을 사용할 수 있다.

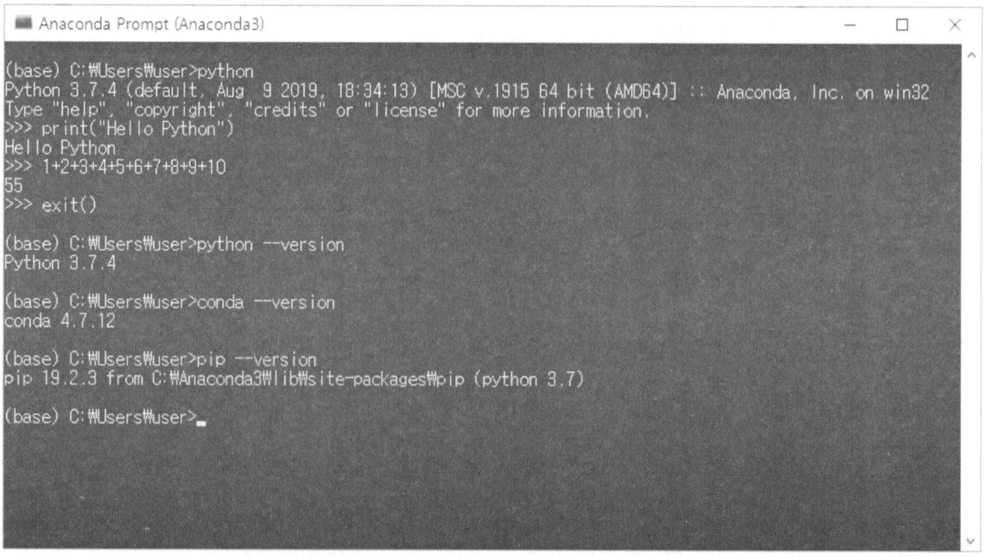

```
Anaconda Prompt (Anaconda3)                                          —  □  ×

(base) C:\Users\user>python
Python 3.7.4 (default, Aug  9 2019, 18:34:13) [MSC v.1915 64 bit (AMD64)] :: Anaconda, Inc. on win32
Type "help", "copyright", "credits" or "license" for more information.
>>> print("Hello Python")
Hello Python
>>> 1+2+3+4+5+6+7+8+9+10
55
>>> exit()

(base) C:\Users\user>python --version
Python 3.7.4

(base) C:\Users\user>conda --version
conda 4.7.12

(base) C:\Users\user>pip --version
pip 19.2.3 from C:\Anaconda3\lib\site-packages\pip (python 3.7)

(base) C:\Users\user>_
```

그림 3.19 | Anaconda Prompt 창

(4) 프롬프트 화면을 닫는 방법은 **exit** 혹은 **Alt+F4**로 한다.

3.4 Anaconda Navigator 사용법

Anaconda는 데이터과학 패키지와 환경 관리 Conda, Data Science 라이브러리, 프로젝트, Anaconda Navigator로 크게 4부분으로 나뉘어져 있다. Data Science 라이브러리는 Jupyter와 같은 IDE 개발도구, NumPy, SciPy 같은 과학 분석용 라이브러리, matplotlib 같은 데이터 시각화 라이브러리, Tensorflow 같은 머신러닝 라이브러리 등을 포함하고 있다.

Anaconda Navigator는 UI 클라이언트로서 하부 컴포넌트를 쉽게 사용하도록 한 데스크탑 포털 기능을 담당한다. 예를 들어, Jupyter나 Spyder 같은 개발도구를 이곳에서 Launch할 수 있다. 이곳에서 Home에 설치된 패키지를 확인할 수 있고, Environments에 패키지를 추가할 수 있다.

> conda list : 설치된 모듈을 나타냄

(1) 윈도우 키를 클릭한 후 아나콘다가 설치된 폴더 **Anaconda3**을 찾는다. 이중에 Anaconda Navigator 프로그램을 실행하게 되면 그림 3.20과 같은 화면이 보이고 다양한 에디터를 사용할 수 있다. 설치 안 된 애플리케이션은 **Install**이 보이고 설치를 한 컴퓨터는 **Launch**라는 사각형 버튼이 보인다.

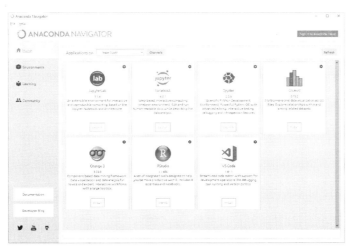

그림 3.20 | Anaconda Navigator 홈 화면

(2) 왼쪽 사이드 바에서 Environment 탭을 클릭하고, **root**의 오른쪽 화살표 선택한다. 오른쪽 탭에서 **installed, not installed**를 선택하여 어떤 모듈이 설치되었는지 확인한 후, 필요한 환경을 검색 후, 설치가 필요하면 선택해서 **Apply**로 바로 설치한다. 아나콘다에는 **base(root)**라는 가상환경을 기본적으로 갖고 있고, 이 가상환경에는 유저들이 자주 쓰는 모듈, 패키지 등이 사전에 설치되어 있다.

(3) Anaconda Home에서 **Jupyter Launch** 버튼 클릭하면, 로컬에 브라우저 콘솔창이 실행된다.

3.5 IPython 사용법

(1) cmd 혹은 아나콘다 프롬프트에서 **ipython** 입력한다.

(2) 반복문을 사용할 경우 명령어를 이어 쓰고 싶으면 끝에 **:**(콜론)를 쓰고 엔터하면 된다. 자동으로 들여쓰기 하고 **num_boy=3**을 입력한 이후에는 **num_**까지만 입력하고 **Tab** 키를 누르면 코드가 완성되며 주석문은 #이다.

(3) def 함수명으로 함수문을 만들어 함수를 호출한다. 변수 혹은 함수 뒤에 **?**을 입력하여 도움말을 사용할 수 있다.

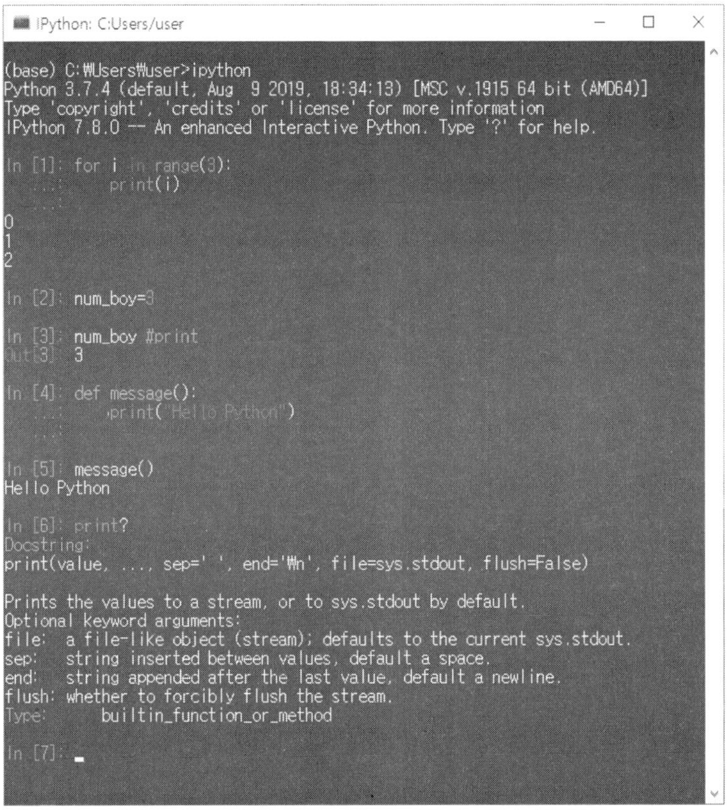

그림 3.21 | IPython 입력창

(4) 매직 명령어는 IPython에서만 사용 가능한 명령어이며 **%**로 시작하는 명령어이다. **cls**로 화면을 지우고 **%who**는 현재 사용 중인 변수 목록이고, 변수를 제거할 때 **del 변수**로 하며. 모든 변수를 제거 시 **%reset**을 이용한다. 그리고 빠져 나올 때 **exit**를 사용한다.

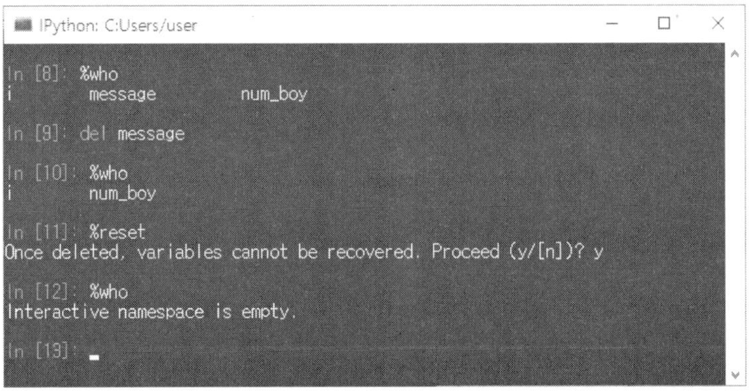

그림 3.22 | 매직명령어 사용 화면

> ### IPython Notebook 과 Jupyter Notebook
>
> IPython(Interactive Python)은 파이썬 인터프리터인데 기존 파이썬 인터프리터에 각종 편의기능을 추가한 버전이다(**In [1]:**처럼 나오는 것이 IPython의 프롬프트). 여기에 노트북 기능을 붙여서 IPython Notebook이 나왔는데 이후 버전이 올라가고 파이썬 이외의 다른 프로그래밍 언어(Ruby, R, JavaScript 등)도 지원하면서 이름을 Jupyter Notebook으로 바꾸게 된다.

3.6 IDLE 사용법

텍스트 편집기, 즉 텍스트 파일을 열어보고 내용을 수정할 수 있는 프로그램을 말한다. 가장 기본적인 편집기로는 메모장이 있다. 다만 메모장 같은 편집기로는 프로그램 소스 코드를 작성하거나 편집하기가 매우 불편하다. 대부분의 쓸 만한 편집기들은 문법 하이라이팅이나 자동 완성 및 그 외 몇 가지 편리한 부가기능을 제공한다.

(1) IDLE은 파이썬이 설치될 때 같이 설치되는 파이썬으로 만들어진 편집기 겸 인터랙티브 셸이고 IDLE을 처음 실행하면 그림 3.23과 같다. 명령 프롬프트(혹은 터미널)에서 파이썬을 그냥 실행했을 때와 똑같은 모양이다. >>>는 파이썬 셸의 프롬프트로 사용자가 명령을 입력하는 행이라는 의미이다. 명령을 입력하고 엔터를 누르면 해당 명령이 해석되고 처리되어 그 결과가 아래에 출력된다. 십 여줄 이하 코드 작성에 적합하다.

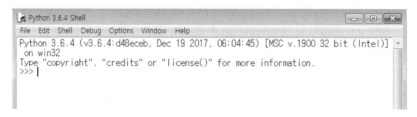

그림 3.23 | IDLE 파이썬 셸을 처음 실행한 화면 모습

(2) IDLE 파이썬 셸에서 **File** 메뉴에 **New File**을 선택하면, 이번에는 프롬프트가 없이 빈 창이 그림 3.24와 같이 표시된다. 이 창은 마치 메모장과 같이 파이썬 소스코드를 작성하는 편집기 창이다. 소스코드를 작성하고 저장한 후 **F5** 키(**Run/Run Module**)를 눌러서 실행하면, 맨 처음 IDLE을 켰을 때 나왔던 셸 창에서 실행 결과가 출력된다.

그림 3.24 | 편집기 창으로 작성

3.7 명령 프롬프트로 파이썬 프로그램 실행

텍스트 편집기(IDLE 편집기나 메모장)에서 파이썬 파일을 편집 및 저장 후 명령프롬프트에서 파이썬 파일을 명령어로 실행하는 방법이다.

(1) 시작메뉴/모든 프로그램/보조프로그램/명령 프롬프트로 명령 프롬프트를 연다.

(2) **cd**(디렉토리 변경), **dir**(디렉토리내 목록보기) 등의 명령어로 코딩된 파일의 저장된 폴드로 이동한다. 그리고 **python example1.py**로 example1 파일을 실행한다.

그림 3.25 | 명령 프롬프트 화면 창

온라인 질의응답 사이트인 Stack Overflow(https://stackoverflow.com/questions)

비주얼 스튜디오 코드 에디터

비주얼 스튜디오 코드(Visual Studio Code, code.visualstudio.com)는 마이크로소프트에서 오픈소스로 개발하고 있는 소스 코드 에디터이다. 비주얼 스튜디오 코드를 설치하고 실행한 후 Extension 메뉴에서 파이썬 Extension을 설치하면 파이썬 코드를 작성할 수 있다.

파이참 에디터

파이참(PyCharm, www.jetbrains.com/pycharm/download)은 파이썬 전용 에디터이고 코드를 작성할 때 자동 완성, 문법 체크 등 편리한 기능을 많이 제공한다.

이공학을 위한 **파이썬 실습 보고서**

실험제목	실습 ( )		
학과/학년		**학 번**	**확인**
이 름		**실 험 반**	
실습일자		**담당교수**	

3.1 파이썬 프로그래밍 언어를 설치 시 사용한 아나콘다 배포판에 포함된 라이브러리를 적어 보아라.

3.2 Anaconda Prompt를 실습하고 사용법에 대해 설명하여라.

3.3 IPython을 실습하고 사용법에 대해 설명하여라.

3.4 IDLE와 명령 프롬프트로 파이썬 프로그램을 실행하고 차이점을 설명하여라.

3.5 본 실습에서 느낀 점을 기술하고 추가한 실습 내용을 첨부하여라.

04 주피터 사용법 및 스파이더 사용법

4.1 Jupyter notebook

Jupyter notebook은 웹 브라우저에서 파이썬 코드를 작성하고 실행까지 해볼 수 있는 웹기반 인터랙티브 셸이다. 아이파이썬(I(Interactive)Python)은 Jupyter notebook이 되면서 사용자와 온라인에서 공유되는 노트북의 대부분은 파이썬을 사용한다.

파이썬 코드를 쉽게 쓰고 확인하고 싶으면 문서화할 때 편리하다. Julia, Python, R 파일을 작성, 실행하는 개발환경을 제공하는 웹 애플리케이션이다. 장점은 셀 단위로 작성하여 실행할 수 있기에 큰 파이썬 파일도 셀 단위로 나누어 번역, 실행하면서 인터랙티브한 동작이 가능하다. 또한 데이터 분석을 위한 파이썬 파일작성 후 실행하였을 때 차트, 표 등의 결과값 출력을 바로 할 수 있다. Jupyter notebook은 코드, 코드의 실행 결과, 코드에 대한 설명을 한 번에 작성할 수 있어서 체계적인 기록이 가능하다.

(1) 홈 디렉토리 변경

Jupyter notebook을 실행하면 최초 폴더 경로가 사용자 폴더로 되어 있어 다른 폴더에서 작업을 하려 해도 이동할 수가 없다. 그래서 Jupyter notebook 환경설정이 필요하고, 환경설정 경로는 ~/.jupyter 폴더이다.

원래 홈 폴더가 c:\users\아이디\에서 d:\work/jupyter으로 특정폴더에서 Jupyter notebook 작업을 하고 싶다면 아래와 같이 설정한다.

01 윈도우 시작메뉴에서 Jupyter notebook 아이콘을 마우스 오른쪽 메뉴를 이용해 파일위치열기를 선택한다. Jupyter notebook 아이콘을 마우스 오른쪽 메뉴에서 속성을 선택한다.

그림 4.1 | 파일위치열기로 열린 창

02 Jupyter notebook 속성 창에서 대상 입력란에 있는 **%USERPROFILE%**을 삭제한다. 그리고 시작 위치 란은 빈칸으로 하고 확인한다. **%USERPROFILE%**은 시작폴더를 **C:\Users\아이디**로 설정하는 역할을 하므로 먼저 **%USERPROFILE%**를 지운다.

```
C:\Anaconda3\python.exe C:\Anaconda3\cwp.py C:\Anaconda3
C:\Anaconda3\python.exe
C:\Anaconda3\Scripts\jupyter-notebook-script.py "%USERPROFILE%"
```

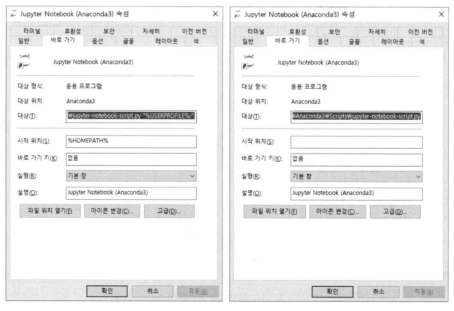

그림 4.2 | 속성창 원래 내용   그림 4.3 | 속성창 대상 수정

03 아나콘다 프롬프트를 실행한 후 프롬프트 창에 아래 명령어 **jupyter notebook --generate-config**를 입력하고 엔터 한다.

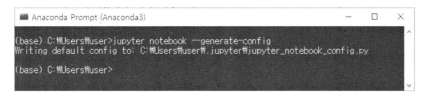

그림 4.4 | 아나콘다 프롬프트 창

04 사용자 계정 디렉토리(C:\Users\아이디\.jupyter) 아래 **jupyter_notebook_config.py** 파일이 만들어진다.

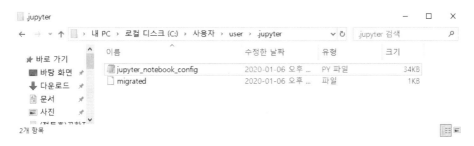

그림 4.5 | 만들어진 파일 창

05 **jupyter_notebook_config.py** 파일을 열어 **#c.NotebookApp.notebook_dir** 부분을 찾는다. 주석 #을 지우고 시작할 홈 디렉토리(d:/work/jupyter)를 지정한다. **c.NotebookApp.notebook_dir='d:/work/jupyter'**로 수정하고 저장한다.

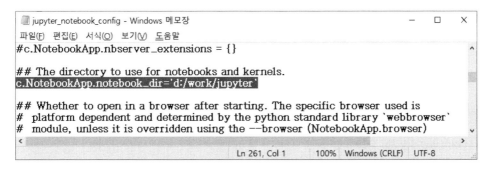

그림 4.6 | jupyter_notebook_config.py 파일 창

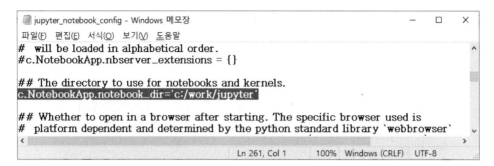

그림 4.7 | 수정된 창

(2) Jupyter Notebook 실행

01 시작/**Anaconda3(64-bit)/Jupyter Notebook**을 클릭하거나 명령 프롬프트를 실행 (윈도우 키+R을 누른 뒤 cmd를 입력)한 후 **jupyter notebook**을 입력한다.

명령을 실행하면 웹 브라우저에 주피터 노트북이 표시된다. 이 화면에서 파이썬 노트 북을 만들어본다. 구동시키면 지정한 디렉토리(d:/work/jupyter)에서 시작한다.

그림 4.8 | 주피터 노트북 초기 화면

02 오른쪽 **New** 버튼을 클릭한 뒤 Python 3을 클릭하면 다음화면이 나타난다. 이제 새 노트북 화면이 나온다. Jupyter notebook은 노트북이라는 말 그대로 공책을 사용하듯 이 코드를 작성하면서 설명도 함께 넣을 수 있다.

Jupyter는 셀 단위로 프로그램을 실행하는 방식인데 셀은 3가지 종류가 있다.
- **In [ ]** : 파이썬 코드를 입력
- **Out [ ]** : 코드를 실행해서 나온 결과값이 출력
- **Markdown** : 설명 글 같은 주석을 입력

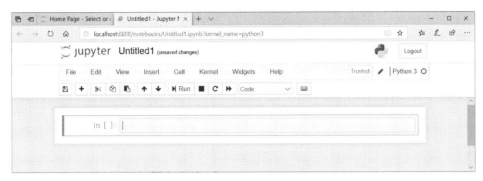

그림 4.9 | 새 노트북 화면

03 코드를 작성하기 전에 먼저 설명을 넣는다. 메뉴의 드롭다운 목록에서 **Markdown**을 선택한다. #은 제목이라는 뜻이며 #이 하나씩 늘어날수록 하위 제목이 된다. 메뉴에서 ▶| 버튼(혹은 Shift+Enter)을 클릭하면 설명이 나타나고 아래에 셀이 생긴다.

In [ ]: 오른쪽에 **print('Hello, Python!')** 파이썬 코드를 입력하고 메뉴에서 ▶| 버튼을 클릭하면 코드가 실행되고 결과가 출력된다. **In** 옆에 숫자가 있으면 실행된 셀이고 없으면 실행되지 않은 셀이다. **In** 옆 숫자가 가장 큰 것이 최근 실행한 셀이다.

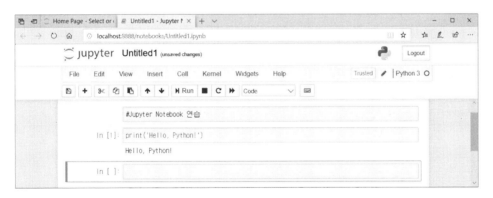

그림 4.10 | 파이썬 코드를 입력 창

04 노트북의 제목을 바꾸려면 맨 위 Jupyter 로고 옆의 **Untitled**를 클릭하여 수정하면 된다. 그리고 메뉴의 **File/Save and Checkpoint**를 클릭하면 노트북이 파일로 저장된다. 노트북의 제목을 **example1**으로 바꾸면 홈 폴더 d:\work\jupyter에 **example1.ipynb** 파일이 만들어진다. 참고로 노트북 확장자는 ipynb이다. 표 4.1은 Jupyter notebook 편집기 단축명령어이다.

그림 4.11 | 작업 디렉토리 창

편집기 주요 기능

+ 버튼을 누르면 새로운 셀이 추가되고, 위, 아래 화살표 버튼으로 위, 아래 셀을 이동한다. 원형화살표(**Restart Kernel**)은 메모리에 저장된 내용이 지워지며, **Kernel/Restart**은 실행 결과가 모두 지워진다. **Cell/Run All**은 모두 순차적으로 실행하고 **File/ Download as/HTML(.html)**, **pdf**, **Python(.py)** 등 다양한 포맷으로 변환 가능하다(다운 받을 수 있고 github.com에 올림). 자판기 모양 **open the command palette**로 다양한 단축키를 볼 수 있고 Jupyter를 종료할 때 웹브라우저와 **cmd** 창(서버역할)을 모두 종료해야 한다.

소스코드 앞에 붙여서 다양한 기능을 수행하는 매직함수

>**%time** : 시간을 측정한다.
>**%timeit** : 10번을 수행하고 그 평균을 낸다(수행시간이 작으면 추천).
>**%run** : 다른 외부 파이썬 프로그램을 불러와서 실행시킨다.

파이썬 파일의 확장자명은 .py이고 주피터노트북 확장자명은 .ipynb
>>>**jupyter nbconvert −to script [이름].ipynb** 하면 .py와 .ipynb 두 개가 생성된다.

표 4.1 | Jupyter notebook 편집기 단축명령어

	Enter(에디터 모드)		Y(코드 셀로 전환)
명령모드 (셀이 하늘색)	1~6 : 마크다운 셀로 변경하고 내용을 제목으로 변경한다. 1에서 6으로 갈수록 크기가 작아짐		m : Markdown 셀로 전환 x : 셀 잘라내기 Ctrl+Shift+p : 명령 설명서 보기
	L : 셀에 줄번호가 나타나게 만듦		a : 위에 셀 삽입
	y : 코드를 입력하는 셀로 변경		b : 아래 셀 삽입
	c : 셀 복사		v : 셀 붙여넣기
에디터 모드 (문서작성 방식, 셀 안쪽을 클릭하면 녹색)	Esc : 명령(command)모드로 변경		Tab : 코드 자동완성, 들여쓰기
	Ctrl+] : 들려쓰기(intent)		Ctrl+[: 내어쓰기(detent)
	Ctrl+z : 실행취소(undo)		Ctrl+a : 전체선택
	Shift+Enter : 셀 실행하고 다음 셀 선택		Ctrl+Enter : 셀 실행
	Alt+Enter : 셀 실행하고 아래 셀 삽입		

(3) Jupyter notebook 예제

Jupyter notebook은 파이썬 코드를 라인 별로 실행하고 그에 따른 챠트, 이미지, 동영상 등을 보여준다. 공식도 나타내어, 개발 IDE에 복잡한 파이썬 코드를 코드 블록 별로 실행하고 설명하여 공유할 수 있다. 다음 순서대로 입력해서 실행한다.

01 보고서 제목, 내용, 계산기, 수식을 나타낸다.

입력

```
# Report using Jupiter Notebook
```

```
## 1. What is Python Software Foundation?
The mission of the Python Software Foundation is to promote, protect,
and advance the Python programming language, and to support and
facilitate the growth of a diverse and international community of Python
```

(출력)

Report using Jupiter Notebook

1. What is Python Software Foundation?

The mission of the Python Software Foundation is to promote, protect, and advance the Python programming language, and to support and facilitate the growth of a diverse and international community of Python

(입력)

```
## 2. Calculator
```

```
# multiply two numbers
def multiply(a,b):
  return a*b
multiply(7,8)
```

(출력)

2. Calculator

```
# multiply two numbers
def multiply(a,b):
  return a*b
multiply(7,8)
```

56

(입력)

```
## 3. Equation using Sympy
```

```
from sympy import *
x = symbols('x')
a = Integral(cos(x)*exp(x), x)
Eq(a, a.doit())
```

3. Equation using Sympy

```
from sympy import *
x = symbols('x')
a = Integral(sin(x)*exp(x), x)
Eq(a, a.doit())
```

$$\int e^x \sin(x)\, dx = \frac{e^x \sin(x)}{2} - \frac{e^x \cos(x)}{2}$$

02 이미지, 동영상, 표, 차트 등을 코드로 작성하여 결과를 나타내었다.

```
## 4. Visualization
### 4.1 image
```

```
from IPython.core.display import Image, display
display(Image('https://i.ytimg.com/vi/j22DmsZEv30/maxresdefault.jpg',
width=300, unconfined=True))
```

4. Visualization

4.1 image

```
from IPython.core.display import Image, display
display(Image('https://i.ytimg.com/vi/j22DmsZEv30/maxresdefault.jpg',width
```

```
### 4.2 video
```

```
from IPython.display import HTML
# Youtube
HTML('<iframe width="560" height="315"
src="https://www.youtube.com/embed/S_f2qV2_U00?rel=0&amp;controls=0&a
mp;showinfo=0" frameborder="0" allowfullscreen></iframe>')
```

4.2 video

```
from IPython.display import HTML
# Youtube
HTML('<iframe width="560" height="315" src="https://www.youtube.com/embed/S_f2qV2_U00?i
```

```
C:\Anaconda3\lib\site-packages\IPython\core\display.py:694: UserWarning: Consider usi
ng IPython.display.IFrame instead
  warnings.warn("Consider using IPython.display.IFrame instead")
```

(입력)

```
### 4.3 table using Pandas
```

```
from pandas import Series, DataFrame
raw_data = {'col0': [1, 2, 3, 4],
            'col1': [10, 20, 30, 40],
            'col2': [100, 200, 300, 400]}
data = DataFrame(raw_data)
print(data)
```

(출력)

4.3 table using Pandas

```
from pandas import Series, DataFrame
raw_data = {'col0': [1, 2, 3, 4],
            'col1': [10, 20, 30, 40],
            'col2': [100, 200, 300, 400]}
data = DataFrame(raw_data)
print(data)
```

```
   col0  col1  col2
0     1    10   100
1     2    20   200
2     3    30   300
3     4    40   400
```

(입력)

```
### 4.4 chart
```

```
import matplotlib.pyplot as plt
plt.plot([3, 1, 0, 1, 3])
plt.show()
```

출력

4.4 chart

```
import matplotlib.pyplot as plt
plt.plot([3, 1, 0, 1, 3])
plt.show()
```

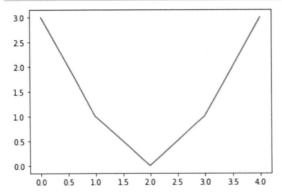

- **whos** 명령어 : 사용되고 있는 변수(variable)가 나타난다.
- 변수와 값들도 모두 삭제 : **Kernel/Restart& Clear Output**을 실행되면 **In[ ]**이 모두 비어있게 된다.

4.2 Spyder 사용법

Spyder(Scientific Python Development EnviRonment)는 Matlab과 유사한 GUI를 제공하고 파이썬 언어 편집기(구문 강조 등)와 콘솔(스크립트 작동과 테스트), 오류검출기(변수내용 확인, 에러 발견 등) 등이 통합된 IDE이다. 참고자료는 https://docs.spyder-ide.org/index.html이다.

(1) Windows 시작 단추를 누르고 'Anaconda3' 폴더 아래에 'Spyder' 아이콘을 클릭하면 Spyder가 실행된다(혹은 명령 프롬프트에서 spyder 입력).

그림 4.12와 같은 화면이 열리게 되고, Spyder 창의 왼쪽은 편집창, 오른쪽 상단에는 검사창, 오른쪽 하단에는 콘솔창이 차례대로 있다. 편집기는 코드를 적고, 파일로 저장하며 실행시킬 수 있다. 문법에 맞게 문제를 기술하고 디버그 하는데 도움을 받고 추가적인 정보를 제공하는 특징을 가진다. 검사기는 특정 객체(혹은 함수)에 대한 자세한 도움이나 현재 정의한 변수에 대한 자세한 정보가 나타나며 디버깅할 때 유용하다. 콘솔은 대화식 혹은 편집기로부터 결과가 출력되며 오류 메시지도 나온다.

그리고 Spyder 우측 상단의 폴더모양 아이콘을 누르고 탐색기로 경로를 설정해주면 프로그램을 실행할 때 파일의 위치를 지정하는 작업 디렉토리 설정이 있다. 작업 디렉토리를 설정해주면 파일 저장이나 불러오기 할 때 편리하다.

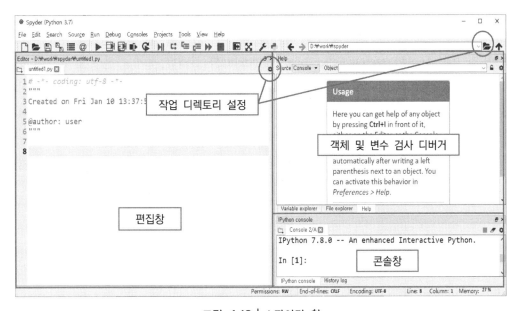

그림 4.12 | 스파이더 창

(2) 그림 4.13과 같이 **Run/configuration per file**에서 Console, 작업디렉토리를 설정한다.

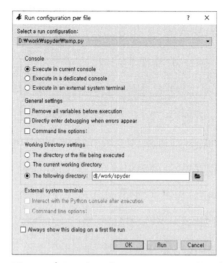

그림 4.13 | Run/configuration per file 창

(3) 폰트 크기를 위해 **Tools/Preferences/General** Fonts의 숫자를 조절한다. 단축키를 사용할 경우 **Tools/Preferences/Keyboard shortcuts**를 선택한 후에 기본값 단축키를 원하는 맞춤형 키보드 단축키로 설정할 수 있다. 한 예로 단축키가 **run file**인 경우 F5이며 **F5**가 아닌 다른 단축키로 바꾸려면 더블 클릭해서 활성화 시킨 후 다른 단축키를 설정해주면 된다.

Syntax 색깔을 바꿀 경우 **Tools/Preferences/Syntax coloring**에서 원하는 Syntax coloring을 고르면 된다.

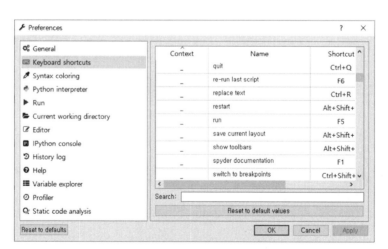

그림 4.14 | Preferences 창

(4) 보통 창 배치는 **Spyder default layout**을 그대로 사용하지만, 원하면 **View/ Window layouts**에서 선택한다. 그리고 마우스로 특정 창을 드래그 해서 원하는 위치에 이동시킬 수 있다.

(5) (실행하는 방법) 편집창에 프로그램을 입력하고 저장해 두었다가 반복적으로 사용해야 하는 파일은 상단의 녹색 실행버튼(**F5**, **run file**)을 누르면 파일 전체를 한꺼번에 프로그램이 재생되어 오른쪽 하단에 결과가 나타난다.

셀 단위로 블록을 나눌 경우 셀 시작과 끝 부분 첫줄에 각각 **#%%**를 붙인다. 여기서 셀은 **#%%**로 구분이 되어 위/아래 선으로 구분이 된 덩어리를 말한다. 현재 커서가 위치한 셀 전체를 실행할 경우 **Ctrl + Enter**(Run current cell)을 이용해서 셀 별로 실행 후 커서를 현 셀에 위치시킨다.

현재 커서가 위치한 셀 전체를 실행 후 다음 셀로 커서 이동시키려면 **Shift+Enter**(Run current cell and go to the next one)한다.

편집창에서 커서가 위치한 스크립트 한 줄 실행, 혹은 블록으로 선택한 부분의 스크립트 실행은 **F9**(run selection...)를 사용해 실행한다.

반면에 Ipython 콘솔에서는 스크립트를 작성하고 엔터키를 치면 대화식으로 실행이 되어 결과가 반환된다. 그래서 간단하게 탐색적 분석을 하거나 파이썬을 처음에 연습할 때 유용하다.

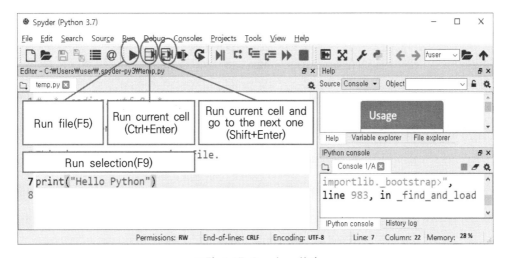

그림 4.15 Spyder 화면

(6) 파이썬은 코드 블록에서 space로 들여쓰기를 해서 구분하고 있다. Spyder의 기본 값 들여쓰기가 **4 spaces** 이지만 **tab**이나 **8 spaces**로 들여쓰기하기도 한다. **4 spaces** 들여 쓰기 설정을 바꿀 경우 **Tools/Preferences/Editor/Advanced settings/Indentation characters** 에서 바꿀 수 있다.

(7) # 부호를 쓰면 파이썬 스크립트에 영향을 주지 않고 부가 설명을 주석으로 첨부할 수 있다. **print("Hello Python!")**를 입력하고, **F9**를 누르면 오른쪽 콘솔 창에 **Hello Python!**이 출력된다.

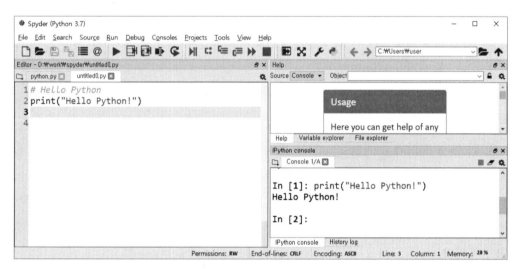

그림 4.16 | Spyder 입력된 창

콘솔에서 도움이 필요할 때
help(command), command? 혹은 command??

Spyder 최신버전으로 업데이트하기 위해 **cmd**창에 **conda upgrade spyder**를 입력한다.
>>> conda upgrade spyder

이공학을 위한 **파이썬 실습 보고서**

실험제목	실습 ( )		
학과/학년		**학 번**	**확인**
이 름		**실 험 반**	
실습일자		**담당교수**	

4.1 본문 4.1 Jupyter notebook의 (3) Jupyter notebook 예제를 따라하고 결과를 첨부한다.

4.2 Spyder 편집기를 사용하여 'Hellow Python!' 코드를 실습하고 사용법에 대해 정리한다.

4.3 본 실습에서 느낀 점을 기술하고 추가한 실습 내용을 첨부하여라.

PART 02

파이썬 **명령어**

PYTHON PROGRAMMING FOR SCIENCE
AND ENGINEERING

05 파이썬 계산기

5.1 파이썬 기호 및 주석

(1) 파이썬 기호

기호(symbol)는 계산의 순서를 나타내기 위한 괄호 ( ), 각종 계산을 위한 연산자 '+', '-', '*', '/', '%', 블록의 시작을 알리는 ':', 계산된 결과나 값을 저장시키기 위한 대입 연산기호인 '=', 등 기호들은 사용되는 상황이나 의미들을 가지고 있다. 한편 파이썬에서 '?', '$' 기호는 사용하지 않는다.

표 5.1 | 파이썬에서 사용하는 기호

~	!	@	#
/	%	^	&
*	(	)	-
+	_	=	{
}	[	]	|
\	:	;	"
`	,	.	<
>			

쌍으로 사용해야하는 기호는 문자나 문자열을 나타내기 위해 작은 따옴표(' ') 혹은 큰 따옴표(" ") 중 하나를 사용하면 되고, 계산의 우선순위, 함수, 리스트, 집합, 딕셔너리 등을 나타내기 위한 각종 괄호(( ), [ ], { })도 쌍으로 사용해야 한다.

크기의 대소 관계, 같거나 같지 않음을 나타낼 때 사용하는 비교연산자는 '같다'보다 '크다 혹은 작다'가 먼저 나와야 한다.(>, <, >=, <=, ==, !=)

(2) 주석

프로그램이 무엇을 하는지 코드에 노트를 덧붙인 주석(comment)이 필요하고 # 기호로 시작한다. 주석 자체가 한 줄로 쓸 수 있고, 주석을 코드의 맨 뒤에 위치하며 코드에 없는 유용한 정보를 제공한다. 좋은 변수명은 주석이 필요 없게 붙이면 좋지만 지나치게 긴 변수명은 복잡한 표현이 될 수 있다.

```
# area for circle
pi = 3.14 #circular constant
r=10 # radius of circle
circle_area = pi*r**2
print(circle_area)
```

314.0

5.2 사칙연산과 연산자

(1) 사칙연산

표 5.2와 같이 계산을 하기 위한 사칙연산(arithmetic operators) 기호는 '+', '-', '*', '/' (키보드 오른쪽 숫자 패드, *는 영어로 asterisk라고 하거나 우리말로 별표라고 읽음)과 나누기 몫(quotient)인 '//'와 나머지 '%'가 있다.

표 5.2 | 수 연산을 위한 연산자

연산자	의미	보기
+	더하기	1+10=11
-	빼기	55-5.5=49.5
*	곱하기	3*2=6
/	나누기	7/3=2.333333
**	거듭제곱	2**4=16
//	정수로 나눌 때 몫	7//3=2
%	정수로 나눌 때 나머지	7%3=1

```
1+2+3+4+5+6+7+8+9+10 # addition
```

55

```
55-5.5 # subtraction
```

49.5

```
3*2 # multiplication
```

6

```
2**4 # exponentiation
```

16

```
7/3 # real division
```

2.3333333333333335

```
7//3 # integer division(quotient)
```

2

```
7 % 3 # remainder
```

1

파이썬의 연산 순서는 수학과 같이 왼쪽에서 오른쪽 순으로 계산하며 곱셈과 나눗셈을 덧셈과 뺄셈보다 먼저 계산한다. 먼저 계산되어야 할 부분이 있다면 괄호로 둘러싸 연산 순서를 바꿀 수 있다. 모든 연산자의 연산 우선순위는 docs.python.org/3/reference/expressions.html에서 참고하기 바란다.

식이 길 때 괄호를 이용하면 행을 바꾸어가며 식을 입력할 수 있다. 괄호가 열린 채로 식을 입력하면, 중간에 행을 바꾸더라도 괄호를 닫기 전까지는 식이 끝나지 않는다. 괄호가 닫히면 비로소 식이 계산된다.

```
1+2*3-4/2 # arithmetical operations priority
```

5.0

```
(1+2)*3-4/2 # computation order in parentheses
```

7.0

```
1+2+3+4+5+6+7+8+9+101+2+3+4+5+6+7+8+9+10 # calculate as soon as press Enter
(1+2+3+4+5+6+7+8+9+10 # enclose a formula in parentheses,
+11+12+13+14+15+16+17 # continuous input available
+18+19+20) # calculate by closing parentheses
```

210

(2) 비교 연산자

표 5.3과 같이 데이터를 비교할 때 사용되는 연산자를 비교 연산자(comparison operators)라 한다. 등식과 부등식의 계산에서 **True**이면 계산 결과가 참, **False**이면 계산 결과가 거짓임을 의미한다. 양변이 같음을 의미하는 비교 연산자는 ==이고 등호를 두 개 붙여 쓴다. 양변이 다름을 의미하는 연산자는 !=이다. 참고로 변수에 값을 저장할 때 사용하는 대입 연산자는 등호 하나(=)를 사용한다.

표 5.3 | 비교 연산자

연산자	의미	보기
==	양변이 같음(같으면 True, 다르면 False	5==9 -> False
!=	양변이 다름	5!=6 -> True
<	좌변이 우변보다 작음	3<4 -> True
<=	좌변이 우변보다 작거나 같음	
>	좌변이 우변보다 큼	3>4 -> False
>=	좌변이 우변보다 크거나 같음	

다음은 양변이 같은 지 판단하는데 5와 9가 다르므로 **False**가 된다. 두 번째는 변수에 숫자 5를 저장하고 변수의 값과 5가 같은 지 판단하는 코드이다.

```
5==9 # determine if 5 and 9 are equal
```

```
False
```

```
abc=5  # store 5 in parameter abc
abc==5 # determines if the value stored in the variable abc is 5
```

```
True
```

등식과 부등식의 계산 결과가 참이면 True 또는 거짓이면 False로 출력된다.

```
2+3==6 # to determine if both sides are equal
```

```
False
```

```
2+3!=6 # to determine whether both sides differ
```

```
True
```

```
3<4     # to determine if the left side is smaller than the right side
```

```
True
```

```
3>4     # to determine if the left side is larger than the right side
```

```
False
```

(3) 대입 연산자

표 6.4와 같이 대입 연산자(assignment operators)는 변수에 값을 할당하기 위해 사용되는데 기본적으로 등호(a=b, 왼쪽변수 a에 오른쪽 값 b를 할당)를 사용하며, 산술연산자와 함께 사용되어 할당을 보다 간결하게 한다.

표 5.4 | 대입 연산자

연산자	의미	보기
+=	왼쪽변수에 오른쪽 값으로 더한 결과 왼쪽변수에 할당	a+=b -> a=a+b
-=	왼쪽변수에 오른쪽 값으로 뺀 결과 왼쪽변수에 할당	a-=b -> a=a-b
*=	왼쪽변수에 오른쪽 값으로 곱한 결과 왼쪽변수에 할당	a*=b -> a=a*b
/=	왼쪽변수에 오른쪽 값으로 나눈 결과 왼쪽변수에 할당	a/=b -> a=a/b
%=	왼쪽변수에 오른쪽 값으로 나눈 나머지 왼쪽변수에 할당	a%=b -> a=a%b
**=	왼쪽변수에 오른쪽 값으로 제곱한 결과 왼쪽변수에 할당	a**=b -> a=a **b
//=	왼쪽변수에 오른쪽 값으로 나눈 몫 왼쪽변수에 할당	a//=b -> a=a//b

x에 10을 대입하고 x+=1에서 x에 1을 더한 후 결과를 x에 대입하며, x-=1에서 x에 1을 뺀 후 결과를 x에 대입한다. x*=2에서 x에 2을 곱한 후 결과를 x에 대입하고 x/=2에서 x에 2을 나눈 후 결과를 x에 대입한다.

```
x=10
print('x=', x)
x+=1   # x=x+1
print('x=', x)
x-=1   # x=x-1
print('x=', x)
x*=2   # x=x*2
print('x=', x)
x/=2   # x=x/2
print('x=', x)
```

```
x= 10
x= 11
x= 10
x= 20
x= 10.0
```

(4) 논리 연산자

논리 연산자(logical operators)에는 **and, or, not**이 있는데, **and**는 양쪽의 값이 모두 참인 경우만 참이 되고, **or**는 어느 한쪽만 참이면 참이 된다. **not**은 참이면 거짓으로 거짓이면 참이 된다.

```
x=True
y=False
x and y
```

False

```
x or y
```

True

```
not x
```

False

(5) 비트 연산자

비트 연산자(bitwise operators)에는 &(AND), |(OR), ^(XOR), ~(Complement), <<, >>(Shift)가 있는데, 이 연산자는 비트단위의 연산을 하는데 사용된다.

```
a=10 # 0000 1010
b=11 # 0000 1011
c=a&b # 0000 1010
d=a^b # 0000 0001
print("c=a&b=", c)
print("d=a^b=", d)
```

c=a&b= 10
d=a^b= 1

(6) 멤버쉽 연산자

멤버쉽 연산자(membership operators)에는 **in, not in**이 있는데, 이는 좌측 피연산자가 우측 모음에 속해 있는지 아닌지를 판단한다.

```
a=[5,6,7,8,9]
b=10 in a
print(b)
```

```
False
```

(7) 식별 연산자

식별 연산자(identity operators)에는 **is, is not**이 있는데, 이는 양쪽 피연산자가 동일한 객체를 가리키는지 아닌지를 체크한다.

```
a="python"
b=a
print(a is b)
```

```
True
```

5.3 파이썬 데이터 형과 문자열

(1) 파이썬 데이터 형

정수형은 소수점을 갖지 않는 정수 타입이며, **float**는 소수점을 갖는 데이터 타입이다. **bool** 타입은 True 혹은 False 만을 갖는 타입이고, **None**은 아무 데이터를 갖지 않는다는 것을 표현하는 것이다. 표 5.5는 데이터의 기본형을 나타낸다.

표 5.5 | 데이터 기본형

연산자	의미	보기
int	정수형	a=20
float	소수점을 가진 실수	a=20.21
bool	참, 거짓 표현하는 부울린	a=True
None	Null과 같은 의미	a=None

리터럴 데이터를 다른 유형으로 변경하기 위해 **int(), float(), bool()** 등과 같은 유형 생성자를 사용할 수 있다.

```
int(5.6)
```

```
5
```

```
float("7.8")
```

```
7.8
```

```
bool(0)
```

```
False
```

```
bool(2)
```

```
True
```

```
리터럴 5e4(혹은 5E4)는 5*(10**4)과 같은 표현이다.

In [37]: 5e4
Out[37]: 50000.0
```

(2) 문자열

파이썬에서 문자열은 작은 따옴표(') 혹은 큰 따옴표(")를 사용하여 표현한다. 만약 여러 라인에 걸쳐 있는 문자열을 표현하고 싶다면, ''' 또는 """ 처럼 삼중 따옴표를 사용한다. 복수 라인 문자열을 한 라인으로 표현하고 싶다면, 확장 비트열(escape sequence)을 사용하면 된다.

> 문자열에서 표현하기 어려운 특정 문자를 역슬래시(\)로 표현하는 것을 확장 비트열(escape sequence)이라 한다.
> \\(역슬래시), \'(작은 따옴표), \"(큰 따옴표), \t(탭), \n(linefeed) 등이다.

```
s='Python\nPython\nPython'
print(s)
```

```
Python
Python
Python
```

```
s='''Python
Python
Python'''
print(s)
```

```
Python
Python
Python
```

5.4 math 패키지

(1) 사칙연산 외 연산

log와 같은 대수함수, sin과 같은 삼각함수는 기본 파이썬의 수학 명령어에 포함되지 않는다. 이를 위해 함수나 정의가 포함된 파일인 모듈 혹은 모듈의 집합체인 패키지가 필요하다. 이들은 기본 값이 포함되지 않고 포함시키고 쓰기가 쉽다. 이런 경우 **math** 패키지를 **import**로 가져와 계산한다. 제곱근, 계승, 대수함수와 삼각함수를 <패키지>. <함수>형태의 점(.) 표기법으로 함수를 사용한다. 표 5.6은 math 모듈의 함수 명을 나타낸다.

```
import math
print("log(2.78)=", math.log(math.e))
print("log_10(10)=", math.log(10,10))
print("sqrt(9)=", math.sqrt(9))
print("cos(3.14)=", math.cos(math.pi))
print("degrees(3.14)=", math.degrees(3.14))
print("radians(180)=", math.radians(180))
print("5!=", math.factorial(5))
```

```
log(2.78)= 1.0
log_10(10)= 1.0
sqrt(9)= 3.0
cos(3.14)= -1.0
degrees(3.14)= 179.9087476710785
radians(180)= 3.141592653589793
5!= 120
```

표 5.6 | math 모듈의 함수 명

함수	의미
math.exp(x)	e^x 값 반환
math.pow(x, y)	x^y 값 반환
math.log(x)	자연로그 x값 반환(lnx)
math.log(x, base)	밑을 base로 하는 로그 x값 반환
math.sqrt(x)	x의 제곱근 값 반환
math.sin(x)	라디안 x의 사인 값 반환
math.asin(x)	라디안 x의 역사인 값 반환
math.cos(x)	라디안 x의 코사인 값 반환
math.acos(x)	라디안 x의 역코사인 값 반환
math.tan(x)	라디안 x의 탄젠트 값 반환
math.degrees(x)	라디안 x에서 각도로 변환
math.radians(x)	각도 x를 라디안으로 변환
math.factorial(x)	x의 계승(팩토리얼)

dir 함수를 이용하여 **math** 모듈에 사용가능한 객체의 목록을 볼 수 있다.

```
In[1]: import math
In[2]: dir(math)
Out[5]:
['__doc__', '__loader__', '__name__', '__package__', '__spec__', 'acos',
'acosh', 'asin', 'asinh', 'atan', 'atan2', 'atanh', 'ceil', 'copysign',
'cos', 'cosh', 'degrees', 'e', 'erf', 'erfc', 'exp', 'expm1', 'fabs',
'factorial', 'floor', 'fmod', 'frexp', 'fsum', 'gamma', 'gcd', 'hypot',
'inf', 'isclose', 'isfinite', 'isinf', 'isnan', 'ldexp', 'lgamma', 'log',
'log10', 'log1p', 'log2', 'modf', 'nan', 'pi', 'pow', 'radians',
'remainder', 'sin', 'sinh', 'sqrt', 'tan', 'tanh', 'tau', 'trunc']
```

help 함수는 각 객체에서 모듈에 대한 많은 정보를 알려준다.

```
In[3]: help(math.exp)
Help on built-in function exp in module math:

exp(x, /)
    Return e raised to the power of x.
```

(2) 상수

다음 보기는 대수함수와 삼각함수를 점 표기법 없이 사용하는 방법을 나타낸다.

```
from math import log
log(2.78)
```

1.0224509277025455

```
from math import cos
cos(3.14)
```

−0.9999987317275395

무한소수인 자연상수 $e(=2.71\cdots)$와 전자 전하량 $e(=1.6\times10^{-19}[\text{C}])$ 표현을 점 표기법으로 사용하는 예이다. **math** 모듈에는 무한소수인 원주율(π, pi), 양의 무한대(**inf**)도 **math** 모듈에 포함되어 있다.

```
import math
math.e
```

2.718281828459045

```
math.exp(1)
```

2.718281828459045

```
import scipy.constants
scipy.constants.e
```

1.6021766208e-19

자연로그 밑인 무리수 $e(= 2.71 \cdots)$와 전자 전하량 $e(= 1.6 \times 10^{-19}[\mathrm{C}])$ 표현을 다른 이름(e, charge_e)으로 불러오는 방법을 나타낸다.

```
from math import e
from scipy.constants import e as charge_e
e
```

2.718281828459045

```
charge_e
```

1.6021766208e-19

가져오는 함수와 모듈의 이름을 축약하기 위해 다음과 같이 사용한다.

```
import numpy as np
import matplotlib.pyplot as plt
```

5.5 통계

(1) 평균

평균(mean)은 여러 개의 자료 값을 모두 더한 다음(sum) 자료의 개수(len)로 나눈 값이다. 여기서 수학점수 리스트가 주어질 때 평균값이다.

```
scores_m =[29,64,69,80,79,55]
average = sum(scores_m)/len(scores_m)
print("average: {:5.2f}".format(average))
```

average: 62.67

(2) 분산

분산(variance, σ^2)은 각 자료값에서 평균값을 뺀 값(편차)의 제곱을 모두 더해 자료의 개수로 나눈 값이다. 분산은 통계에서 변량이 평균으로부터 떨어져 있는 정도를 나타내는 값이다. 편차는 특정 집합의 원소들에 대해 평균과의 차이이다.

```
sumv = 0
for x in scores_m:
    sumv = sumv + (x - average)**2
var = sumv / len(scores_m)
print("variance: {:5.2f}".format(var))
```

variance: 300.22

(3) 표준편차

표준편차(standard deviation, σ)는 분산을 제곱근으로 계산한 값이다. 표준편차가 0일 때는 관측값의 모두가 동일한 크기이고 표준편차가 클수록 관측 값 중에는 평균에서 떨어진 값이 많이 존재한다. 따라서 표준편차는 관측 값의 산포(散布)의 정도를 나타낸다.

```
std = math.sqrt(var)
print(std)
```

17.326921891156037

(4) NumPy를 이용한 평균, 분산, 표준편차

뒷장에서 배울 NumPy의 기초 통계함수인 평균, 분산, 표준편차를 계산하는 함수인 **numpy.mean(), numpy.var(), numpy.std()**를 사용하면 편리하다.

```
import numpy as np
print(np.average(scores_m))
print(np.var(scores_m))
print(np.std(scores_m))
```

```
62.666666666666664
300.22222222222223
17.326921891156037
```

(5) random 모듈

random은 난수를 발생시키는 모듈이고 리스트의 항목을 무작위로 섞을 때는 **random.shuffle** 함수를 이용한다. **random** 모듈의 **random()** 함수는 0 이상 1 미만의 숫자 중에서 아무 숫자나 하나 뽑아서 돌려주는 일을 한다. **randint()**와 **randrange()**는 1에서 100까지의 정수 중 하나를 무작위로 나오고, **shuffle()**은 순서형 자료를 섞어놓는 함수이다.

```
import random
random.random() # randomly real number between 0.0 and 1.0
```

```
0.7541734710149897
```

```
import random
random.randint(1,100) # randomly integer number between 1 and 100
```

```
64
```

```
list_data=[1,2,3,4,5,6,7,8,9]
random.shuffle(list_data) # randomly shuffle for list data
list_data
```

```
[3, 5, 4, 9, 6, 2, 8, 7, 1]
```

이공학을 위한 **파이썬 실습 보고서**

실험제목	실습 ( )		
학과/학년		학 번	확인
이 름		실 험 반	
실습일자		담당교수	

5.1 전력비가 2배일 때 데시벨 전력은 $10\log_{10}$(전력비)이다. 데시벨를 구하는 코딩을 하고 각 줄마다 주석을 붙이고 결과를 첨부한다.

5.2 전파의 주파수 f와 파장 λ의 관계식은 $\lambda = c/f$이고 여기서 c는 광속도이다. 주파수를 입력 받아 파장을 계산하는 코딩을 하고 각 줄마다 주석을 붙이며 결과를 첨부한다.

5.3 반지름이 5cm인 원의 면적과 원주 길이를 구하는 코딩을 하고 각 줄마다 주석을 붙이고 결과를 첨부한다.

5.4 point=60-5*55/3+10의 결과를 'The value of point is'으로 화면에 출력되도록 코딩을 하고 각 줄마다 주석을 붙이고 결과를 첨부한다.

5.5 두 수 a=3, b=10일 때 비트 연산을 수행한 것이다. 아래 코딩의 각 줄마다 주석을 붙이고 결과를 첨부한 후 결과를 설명하여라.

```
#
a = 3
b = 10

print(a & b)  #
print(a | b)  #
print(~a)     #
print(a ^ b)  #
print(a << 2) #
print(a >> 2) #
```

5.6 본 실습에서 느낀 점을 기술하고 추가한 실습 내용을 첨부하여라.

06 데이터의 집합, 리스트, 튜플, 딕셔너리

6.1 변수

(1) 변수명이란

수학에서 변수(variable)는 값이 정해지지 않은 미지수이다. 대입 연산자인 등호(=)를 기준으로 왼쪽에 변수를 적고 오른쪽에 변수에 대입될 값을 적어주면, 변수에 값이 대입된다.

프로그래밍의 변수는 데이터에 숫자, 알파벳, 밑줄 기호(_) 등 다양한 문자를 사용하여 이름을 붙이거나, 데이터를 기억하는 용도이다. 파이썬에서는 프로그램 안의 모든 대상(수, 텍스트, 함수, 클래스 등)에 이름을 붙일 수 있고 변수의 이름을 지을 때는 다른 대상의 이름과 겹치지 않도록 해야 한다. 변수의 이름이 파이썬에서 기본으로 제공되는 여러 대상과 겹치는 것을 방지하기 위해 파이썬에서 이름을 지을 때 제약이 있다.

공백문자()가 없고, 숫자로 시작하지 않으며, 특수 문자(! @ #$%^&*()\|)를 포함하지 않아야 한다. 파이썬의 문법을 구성하는 시스템 예약어(for, if, while 등), 연산자를 이름으로 사용할 수 없다. 코드의 목적을 설명해주고 전부 소문자, 변수의 다른 단어를 분리하기 위한 밑줄(_)을 사용한다. 파이썬 3에서는 이름을 한글로 지어도 된다.

파이썬의 소스 코드에 작성된 알파벳 대문자와 소문자는 서로 다른 것으로 인식되기 때문에 대소문자를 반드시 구분해 작성해 주어야 한다. 예를 들어 예약어인 else는 Else

와는 완전히 다르게 인식된다.

수학의 변수에는 x, y, z처럼 의미 없는 이름이 붙는다. 그렇지만 프로그래밍에서는 나중에 코드를 읽을 사람들을 위해, 의미 있는 모든 수에 의미 있는 이름을 붙여야 한다. 프로그래밍에서 데이터에 이름을 붙이는 것이 중요하므로 변수를 사용하는 주된 이유는 데이터에 이름을 붙이기 위한 것이다.

```
pi=3.14
circle_area=pi*10*10
print(circle_area)
```

314.0

(2) 변수 명 규약

소프트웨어를 제작할 때는 협업과 유지보수를 위한 변수 명 규약에 대해 설명한다. 한 프로젝트 내에서는 모두 동일한 규약 아래에서 변수 이름을 짓도록 하여, 코드의 가독성을 높이는 등의 효율성을 가져오도록 하는 방법이다.

변수명 규약에는 가장 널리 사용되는 방법이 헝가리안((Hungarian) 표기법, 카멜 (Camel) 표기법, 파스칼(Pascal) 표기법 등 세 가지가 있다.

01 헝가리안 표기법

MS의 헝가리인 개발자가 사용하던 변수명 규약이다. 변수의 자료형을 변수명의 접두어로 붙이는 방식이다. int형의 'variable'라는 변수를 선언하고자 할 때 'intVariable', 문자열인 변수를 선언하고자 할 때는 'strVariable'과 같이 지정한다.

02 캐멀 표기법

캐멀 표기법은 소문자를 기본으로 사용하되, 구분되는 단어를 대문자로 연결하는 방식이다. 그러나 첫 단어의 첫 글자는 소문자를 사용한다. 'myfunction' 함수를 명명한다면, 함수의 이름을 'myFunc()'라고 지정하는 방식이다.

03 **파스칼 표기법**

파스칼 표기법은 소문자를 기본으로 사용하되, 구분되는 단어를 대문자로 연결하는 방식이다. 'myclass'라는 클래스를 작성한다고 가정하면, 클래스의 이름을 'MyClass'라고 지정하는 방식이다.

(3) 변수와 변수값

그림 6.1과 같이 x=55라고 입력하면 55 값이 들어있는 변수 x(상자)가 만들어진다. 변수란 물건들을 저장할 수 있는 작은 상자와 같다. 즉, **변수이름=변수 값** 형식이고 변수가 생성되는 동시에 값이 할당(저장) 된다. 변수는 문자열과 숫자뿐 아니라 함수까지 무엇이든 포함할 수 있다. 파이썬에서 변수는 내부적으로 데이터를 가리키는 게 아니라 인스턴스 포인터(값이 저장되어 있는 메모리의 주소, 즉 레퍼런스)를 가리킨다. 메모리 주소 값은 **id**로 확인할 수 있다.

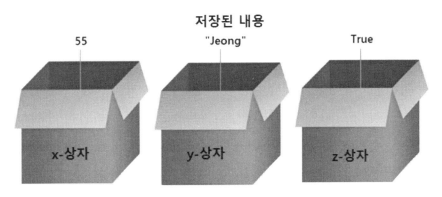

그림 6.1 | 변수명과 변수 값 관계

```
x=55
y="Jeong"
x!=y
```

```
True
```

```
print(x)
print(y)
```

```
55
Jeong
```

(4) 데이터 종류

변수는 다른 유형의 데이터를 저장할 수 있고, 다른 유형의 데이터는 다른 작업을 수행할 수 있다. 파이썬은 기본적으로 표 6.1과 같이 데이터 유형이 내장되어 있다. 그리고 변수의 형태를 알기 위해 **type()** 함수를 사용한다.

표 6.1 | 파이썬 내장형 데이터형 종류

데이터형	표시명	데이터형	표시명
문자형	str	매핑형	dict
숫자형	int, float, complex	이진형	bytes, bytearray, memoryview
순서형	list, tuple, range	불형	bool
집합형	set, frozenset		

```
a=50
type(a)
```

```
int
```

```
b='This is a string'
type(b)
```

```
str
```

```
z=2+3j
type(z)
```

```
complex
```

```
c=[1,2,3,4]
type(c)
```

```
list
```

6.2 파이썬에 사용하는 수

(1) 실수

int() 함수로 정수를 가진 문자열을 정수로 바꾸고, 소수점이 있는 수를 정수로 바꿀수 있다. **round()**는 소수점이 있는 수를 반올림한다.

```
x=int('12')
print(x)
```

12

```
int(5.6)
```

5

```
round(5.6)
```

6

접두어(**0b, 0o, 0x**)에 따라 2진법, 8진법, 16진법을 표시하고 '숫자열을 원하는 진수로 반환할 수 있다.

```
0b1000 # binary no. with prefix 0b
```

8

```
0o1000 # octal no. with prefix 0o
```

512

```
0x1000 # hexadecimal no. with prefix 0x
```

4096

```
int('100', 16)
```

256

파이썬 3에서 정수의 한계가 없어 매우 큰 수도 계산할 수 있다. 그러나 NumPy와 같은 패키지에서는 크기가 제한되어 있다.

```
12**100
```

828179745220145502584084235957368498016122811853894435464201864103254919330121223037770283296858019385573376

(2) 소수점 가진 수

소수점 가진 수(floating point numbers)를 가진 문자열은 **float()**을 이용하여 소수점 가진 수로 바꿀 수 있다. 5.0은 소수점 가진 수이고, 5는 정수이다.

```
x=float('3.14')
print(x)
```

3.14

```
type(5.0)
```

float

```
type(5)
```

int

(3) 복소수

파이썬에서 복소수는 **a+bj**와 같이 표현되고 복소수를 표현할 때 **j**를 사용한다. 실수부의 값을 얻기 위해서는 **복소수 변수명.real**을, 허수부의 값을 얻기 위해선 **변수명.imag**를 사용한다. **abs()**는 절대값($\sqrt{a^2+b^2}$)을 **.conjugate()**는 켤레(a-bj)를 구하는 연산자이다. 켤레와 곱은 a^2+b^2이 된다.

```
z=5+6j
z.real
```

5.0

```
z.imag
```

6.0

```
abs(z)
```

7.810249675906654

```
z*z.conjugate()
```

(61+0j)

6.3 문자열

문자열(string)이란 문자, 단어 등으로 구성된 문자들의 집합이다. 파이썬에서 문자열을 만드는 방법은 작은따옴표('). 큰따옴표("), 삼중 작은따옴표('''), 삼중 큰따옴표(""")를 사용하여 양쪽 둘러싸기 하는 네 가지가 있다.

```
print('python1')
```

python1

```
print("python2")
```

python2

```
print('''python3''')
```

python3

```
print("""python4""")
```

python4

여러 줄의 문자열을 변수에 대입하려면 삼중 작은따옴표(''') 또는 삼중 큰따옴표(""")를 사용한다.

```
x='''hello python
strings'''
y="""hello python
number"""
print(x)
print(y)
```

hello python
strings
hello python
number

01 문자열 연산

문자열 더해서 연결하기(concatenation)할 때 '+'로 연결하고, 문자열의 반복을 위해 곱하기 '*'를 사용한다. 문자열의 길이는 **len** 함수를 사용하면 구할 수 있다.

```
c="number" +" and string"
print(c)
print(c*3)
len(c)
```

number and string
number and stringnumber and stringnumber and string

17

02 문자열 인덱싱

인덱싱(indexing)이란 무엇인가를 '가리킨다'는 의미이고 0부터 숫자를 센다. 순방향으로 첫 번째 자리는 0, 바로 다음은 1 이런 식으로 계속 번호를 붙인다. a[1] 두 번째 문자, a[-1]은 뒤에서부터 세어 첫 번째 문자를 말한다.

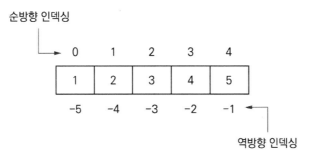

그림 6.2 | 인덱싱 숫자

```
a='12345'
a[1]
```

```
'2'
```

```
a[-1]
```

```
'5'
```

```
a[-3]
```

```
'3'
```

03 문자열 슬라이싱

슬라이싱(slicing)은 무엇인가를 '잘라낸다'는 의미이다. **a[시작번호:끝번호]**에서 시작
번호에서 문자열의 **(끝번호-1)**번째 까지 골라낸다. **a[:끝번호]**에서 시작번호를 생략하면
문자열의 처음부터 **(끝번호-1)**번째까지 골라낸다. **a[시작번호:]**에서 끝번호 부분을 생략
하면 시작번호부터 그 문자열의 끝까지 골라낸다. **a[:]**는 문자열의 처음부터 끝까지를 뽑
아낸다. **a[시작번호:-끝번호]** 시작번호에서 **(-끝번호-1)**번째까지 골라낸다.

```
a='123456789'
a[0:4]
```

```
'1234'
```

```
a[:5]
```

```
'12345'
```

```
a[2:]
```

```
'3456789'
```

```
a[:]
```

```
'123456789'
```

```
a[2:-3]
```

```
'3456'
```

(4) 문자열 조작

upper()는 문자열을 대문자로 반환하고, 문자열을 문자열들의 리스트로 바꾸는 **split()**은 빈 공간이 있는 곳을 문자열로 분리한다. **split('.')**는 마침표로 마친 문장 단위로 나눈다.

```
a='This is a test for python'
a.upper()
```

```
'THIS IS A TEST FOR PYTHON'
```

```
a.split()
```

```
['This', 'is', 'a', 'test', 'for', 'python']
```

```
a='The cat is white. The dog is balck.'
a.split('.')
```

```
['The cat is white', ' The dog is balck', '']
```

6.4 집합, 리스트, 튜플, 딕셔너리

　집합(set)은 중괄호 { }를 사용하고, 리스트(list)는 대괄호 [ ]를 사용하며, 튜플(tuple)은 소괄호 ( )를 사용하고, 딕셔너리(dictionary)는 **key**와 **value**를 일대일로 대응시킨 배열이다.

```
s1={1,2,3} # set
type(s1)
```

set

```
s2=[1,2,3] # list
type(s2)
```

list

```
s3=(1,2,3) #tuple
type(s3)
```

tuple

```
s4=1,2,3 #tuple
type(s4)
```

tuple

```
s5={1:200} #dictionary
type(s5)
```

dict

(1) 집합

　집합은 중괄호 { }를 사용하고 중복되는 원소가 없고, 순서에 상관없는 데이터들의 묶음이다. 중복된 원소가 존재한다면 한 개만 저장되고 순서가 없기 때문에 리스트처럼 인덱스 번호를 사용하여 특정 값에 접근할 수 없다.

```
mid_scores=[75, 70, 55, 99, 70]
s1=set(mid_scores)
print(s1)
```

{99, 75, 70, 55}

(2) 리스트

리스트는 대괄호 [ ]를 사용하고 원소들이 연속적으로 저장되는 형태의 자료형이며, 저장되는 요소들은 모두 같은 자료형일 필요는 없다.

대괄호 [ ]로 감싸서 나타내며, 0개 이상의 원소가 저장하고, 다른 리스트를 저장할 수도 있다.

내부 함수인 **sort()**는 해당 리스트에 저장된 원소들을 오름차순으로 정렬하고, **reverse()**는 해당 리스트에 저장된 원소들의 순서를 정반대로 뒤집어주며, **append()**는 해당 리스트의 맨 마지막 위치에 전달받은 데이터를 추가한다.

입력할 인덱스에 값을 입력할 때 **insert(입력할 index, 값)**하고, 리스트를 추가할 때 **extend(추가할 리스트)**를 사용한다.

```
mid_scores=[75, 70, 55, 99, 70]
mid_scores.sort()
mid_scores
```

[55, 70, 70, 75, 99]

```
mid_scores.reverse()
mid_scores
```

[99, 75, 70, 70, 55]

```
mid_scores.append(100)
mid_scores
```

[99, 75, 70, 70, 55, 100]

```
mid_scores.insert(2, 85)
mid_scores
```

[99, 75, 85, 70, 70, 55, 100]

```
mid_scores.extend([100,88, 79])
mid_scores
```

[99, 75, 85, 70, 70, 55, 100, 100, 88, 79]

del 키워드를 통한 인덱스된 내용을 삭제하고, 지울 내용을 **remove(찾을 아이템)**으로 삭제한다.

```
mid_scores=[75, 70, 55, 99, 86]
del mid_scores[3]
mid_scores
```

[75, 70, 55, 86]

```
mid_scores.remove(75)
mid_scores
```

[70, 55, 86]

* 연산자로 리스트를 반복시킬 수 있고, **count(item)**으로 일치되는 개수를 반환해준다. **in**절로 list 안에 포함되어 있는지 확인할 수 있고 **index(item)**으로 리스트 안에서 해당 **item**의 **index** 번호를 반환해준다.

```
a=[75,55]
b=a*3
b
```

[75, 55, 75, 55, 75, 55]

```
b.count(55)
```

3

```
99 in [75, 70, 55, 99, 86]
```

True

```
c=['dog','cat','sheep','rat','lion']
c.index('rat')
```

3

(3) 튜플

튜플은 소괄호 ( )를 사용하며, 여러 데이터를 동시에 저장할 수 있는 자료형으로써 0개 이상의 원소를 저장하고, 리스트와 달리 새로운 요소를 추가하거나 갱신, 삭제하는 일을 할 수 없다. 따라서 튜플은 항상 고정된 요소값을 갖기를 원하거나 변경되지 말아야 하는 immutable 데이터 유형이다.

각 요소들은 서로 다른 유형이 될 수 있으며, 컴마(,)로 구분한다. 튜플은 리스트와 마찬가지로 한 요소를 반환하는 인덱싱과 특정 부분집합을 반환하는 슬라이싱을 지원한다.

```
mytuple=('Gildong', 75, '100', False)
mytuple
```

('Gildong', 75, '100', False)

```
s1=mytuple[1:]
s1
```

(75, '100', False)

두 개의 튜플을 병합하기 위해 플러스(+)를 사용하고, 하나의 튜플을 N-번 반복하기 위해서는 **튜플 * N**와 같이 표현한다.

```
a=(10, 20)
b=(30, 40, 50)
s=a+b
r=b*3
s
```

(10, 20, 30, 40, 50)

```
r
```

(30, 40, 50, 30, 40, 50, 30, 40, 50)

튜플 속에 튜플이 포함될 수 있고 색인으로 자료를 찾을 수 있다.

```
d=((10,20), (30, 40, 50), (60, 70))
d[2]
```

(60, 70)

```
d[1][2]
```

50

zip은 동일한 원소 개수, 동일한 크기로 이루어진 자료형들을 묶어 짝을 만드는 함수이다. 3쌍의 list가 **zip**으로 만들어지고 튜플을 원소로 하는 list가 만들어진다.

```
x = [10,20,30]
y = ['apple','orange','banana']
z = ['cat', 'dog', 'monkey']
d = list(zip(x,y,z))
d
```

[(10, 'apple', 'cat'), (20, 'orange', 'dog'), (30, 'banana', 'monkey')]

(4) 딕셔너리

딕셔너리는 **key**와 **value**를 일대일로 대응시킨 **{Key1:Value1, Key2:Value2, Key3: Value3, ...}** 형태이며 하나의 **key**에는 하나의 **value**만 대응된다. 사전에서 단어에 대한 설명이 대응되는 것과 같다. **key** 값은 변하지 않고, **value** 값은 변경이 가능하고 **key-value** 쌍 자체를 수정 또는 삭제할 수 있으며, **key** 값은 정수형을 포함한 여러 자료형도 가능하다. { }는 빈 딕셔너리를 나타낸다. 특정 **key** 값에 해당하는 **value** 값에 접근할 경우, **딕셔너리명[key값]**의 형태로 사용한다. 단, 하나의 딕셔너리에 같은 **key** 값이 동시에 저장될 수 없다.

딕셔너리의 **key**로 문자열이나 튜플은 사용될 수 있는 반면, 리스트는 **key**로 사용될 수 없다. 파이썬의 딕셔너리는 생성하기 위해 {...} 리터럴을 사용할 수 있다.

```
mid_scores={'Gildong':75, 'Chulsoo':87, 'Soonhee':55}
mid_scores['Chulsoo']=95 # modify
mid_scores['Dongsoo']=67 # add
del mid_scores['Gildong']  # delete
mid_scores
```

```
{'Chulsoo': 95, 'Soonhee': 55, 'Dongsoo': 67}
```

파이썬 코드에서 사용 가능한 함수가 있다. **keys()**는 해당 사전형 데이터에 저장된 **key** 값들을 리스트 형태로 반환하며 해당 데이터에 무슨 **key** 값들이 포함되는지 알려고 할 때 사용한다. **values()**는 저장값, **items()**는 **key-value** 쌍을 리스트 형태로 반환한다. **in** 키워드는 해당 리스트에 특정 값이 포함되어 있는지 여부를 알기 위해 사용하고 존재할 경우 **True**, 존재하지 않을 경우 **False**를 반환한다.

```
mid_scores={'Gildong':75, 'Chulsoo':87, 'Soonhee':55}
print(mid_scores['Chulsoo'])
```

```
87
```

```
print(mid_scores.keys())
```

```
dict_keys(['Gildong', 'Chulsoo', 'Soonhee'])
```

```
print(mid_scores.values())
```

dict_values([75, 87, 55])

```
print(mid_scores.items())
```

dict_items([('Gildong', 75), ('Chulsoo', 87), ('Soonhee', 55)])

파이썬의 딕셔너리는 생성하기 위해 **dict()** 생성자를 사용할 수도 있고 **dict()** 생성자는 **key-value** 쌍을 갖는 튜플 리스트를 받아들이거나 **dict(key=value, key=value, ...)** 식의 **key**값을 직접 매개변수로 지정하는 방식을 사용할 수 있다.

```
mid_scores=[('Gildong',75), ('Chulsoo',87), ('Soonhee',55)]
mydict=dict(mid_scores)
mydict
```

{'Gildong': 75, 'Chulsoo': 87, 'Soonhee': 55}

```
score=mydict['Chulsoo']
score
```

87

```
scores=dict(Gildong=75, Chulsoo=87, Soonhee=55)
scores['Gildong']
```

75

6.5 배열의 패킹과 언패킹

패킹(packing)은 하나의 변수에 여러 가지의 값을 포장하는 것을 말한다. 언패킹 (unpacking)은 여러 가지의 값을 가진 하나의 변수를 여러 변수로 나누는 것을 말한다.

(1) 리스트와 튜플의 패킹과 언패킹

쉼표(,)로 구분된 경우 왼쪽의 변수에서 오른쪽으로 일대일로 데이터 원소가 할당되며 리스트와 튜플이 함께 적용된다. 튜플의 괄호는 생략할 수 있고 한 줄에 있는 복수의 변수에 복수의 값을 할당할 수 있다. 그러나 변수 개수가 원소 개수와 일치하지 않으면 오류가 발생한다. 변수 수가 원소 수보다 적을 경우 변수 이름에 별표 *를 추가하고 나머지 원소를 리스트로 지정할 수 있다.

파이썬에서는 리스트와 튜플의 원소가 여러 변수에 할당할 수 있다. 이것은 순서 언패킹(sequence unpacking)이라고 한다.

```python
list1 = [1, 2, 3, 'apple', 'banana'] # list packing
tuple1 = (10, 20, 30, 'camera') # tuple packing
```

```python
a, b, c, d, e = list1 # list unpacking
f, g, h, i = tuple1 # tuple unpacking
print("An element of variable b in list1 is ", d)
print("An element of variable e in tuple1 is ", h)
```

```
An element of variable b in list1 is  apple
An element of variable e in tuple1 is  30
```

(2) 밑줄 언패킹

관례상 불필요한 값은 파이썬에서 밑줄 _로 지정될 수 있다. 그것은 문법적으로 특별한 의미는 없지만 단순히 _라는 이름의 변수에 할당된다.

```python
list1 = [1, 2, 3, 'apple', 'banana']
tuple1 = (10, 20, 30, 'camera')
a,b,c,_,d=list1

print("'-' is ", _)
```

```
'-' is  apple
```

```python
e,f,g, _ = tuple1
print("'-' is ", _)
```

```
'-' is  camera
```

(3) 별표 언팩킹

파이선 3에서 변수 개수가 요소 개수보다 작은 경우 변수 이름에 별표 *를 추가하면 요소가 목록으로 함께 할당된다. 시작과 끝의 요소는 *가 없는 변수에 할당되고, 나머지 요소는 *가 있는 변수에 목록으로 할당된다. 그러나 하나의 변수에만 *를 추가할 수 있고, *가 있는 변수에 요소가 하나만 할당되어 있더라도 리스트로 할당되며 여분의 요소가 없으면 빈 리스트로 할당된다.

```
list1 = [1, 2, 3, 'apple', 'banana']
tuple1 = (10, 20, 30, 'camera')
a, b, *c = list1
print(c)
```

[3, 'apple', 'banana']

```
a, b, *c = tuple1
print(c)
```

[30, 'camera']

(4) 밑줄과 별표 언팩킹

*_은 리스트 혹은 튜플에서 변수명이 있는 위치에 하나 씩 성분이 할당하고 불필요한 성분은 밑줄 _에 배정된다.

```
list1 = [1, 2, 3, 'apple', 'banana']
tuple1 = (10, 20, 30, 'camera')
a, *_, b = list1
print("'_' is ", _)
```

'_' is [2, 3, 'apple']

```
a, *_, b = tuple1
print("'_' is ", _)
```

'_' is [20, 30]

(5) 딕셔너리 언팩킹

function(**dict)은 딕셔너리 언팩킹이라 하며 딕셔너리의 내용이 함수 호출에 풀어지는 의미이다. 여기서 **dict**은 키워드 인수와 해당 값의 쌍으로 포함된 딕셔너리이다. 함수 문은 9장에서 자세히 배운다.

```
def divide(a=0, b=0):
        return a / b

dict1 = {'a': 5, 'b': 8}
divide(**dict1)
```

0.625

```
def divide(a=0, b=0):
        return a / b

dict1 = {'a': 5, 'b': 8}
divide(**dict1)
```

0.625

6.6 파이썬 컴프리헨션

컴프리헨션(comprehension)의 사전적으로 포함, 내포라는 의미를 가지고 있다. 한 배열이 다른 배열로부터 조건식을 이용하여 변형하여 만들 수 있게 하는 기능이다. 파이썬 2에서는 리스트 컴프리헨션 만을 지원한다.

(1) 집합 컴프리헨션

{출력표현식 **for** 요소 **in** 입력 배열 **[if** 조건식**]**}

for 루프를 돌면 특정 조건에 있는 입력 데이터를 변형하여 리스트로 출력하는 코드를 간단한 문법으로 표현한 것이다. if 조건식이 있으면 해당 요소가 조건에 맞는지 체크하게 된다. 집합 {...}으로 반환되고 집합은 요소의 순서가 무작위로 바뀐다.

```
list_old = [20, 20, 5, 3, 'cat',8]
list_new = {i*i for i in list_old if type(i)==int}
print(list_new)
```

{400, 25, 64, 9}

```
list_old = [20, 20, 5, 3, 'cat',8]
list_new = {i*i for i in list_old if type(i)==int}
print(list_new)
```

{400, 25, 64, 9}

(2) 리스트 컴프리헨션

[출력표현식 for 요소 in 입력 배열 [if 조건식]]

집합 컴프리헨션과 같이 동작하고 요소 i를 하나씩 가져와 이 i의 타입이 정수형인지 체크하고, 만약 그렇다면 표현식 'i*i'를 실행하여 i의 제곱을 계산하고 리스트(list_new)를 얻게 된다.

```
list_old = [True, 10, 20, 'cat', 30]
list_new = [i*i for i in list_old if type(i)==int]
print(list_new)
```

[100, 400, 900]

(3) 딕셔너리 컴프리헨션

{키:값 for 요소 in 입력 배열 [if 조건식]}

집합 컴프리헨션과 거의 비슷하며, 출력표현식이 **'key:value'** 쌍으로 표현되고 결과로 딕셔너리로 반환된다. 숫자로 동물을 찾는 딕셔너리를 반대로 key와 value가 서로 바꾼 새로운 **딕셔너리**(animal_num)를 집합으로 생성된다.

```
num_animal={1: 'dog', 2: 'cat', 3: 'lion'}
animal_num={val:key for key,val in num_animal.items()}

print(animal_num)
```

```
{'dog': 1, 'cat': 2, 'lion': 3}
```

6.7 range 함수

range()는 **range(시작숫자, 종료숫자, 간격)**의 형태로 리스트 슬라이싱과 유사하다. **range()**의 출력은 시작숫자부터 **(종료숫자-1)**까지 모음을 만든다. 시작숫자와 간격은 생략할 수 있다.

인자가 한 개이면 종료숫자이며 '0'부터 **(종료숫자-1)**까지 포함되고, 인자를 두 개인 경우 첫 번째 인자는 시작하는 숫자가 된다. 인자가 세 개이면 마지막 인자는 숫자의 간격을 나타내고, 음수를 지정할 수 있다. **range()** 함수의 출력은 반복가능하기 때문에 **for**문을 사용해 출력할 수 있다.

```
list(range(10))
```

```
[0, 1, 2, 3, 4, 5, 6, 7, 8, 9]
```

```
list(range(0,10))
```

```
[0, 1, 2, 3, 4, 5, 6, 7, 8, 9]
```

```
list(range(0,10,2))
```

```
[0, 2, 4, 6, 8]
```

```
list(range(10,-5,-2))
```

[10, 8, 6, 4, 2, 0, -2, -4]

6.8 파이썬에서 단일 밑줄의 용도

01 인터프리터에 사용

쥬피터 노트북이나 파이썬의 인터프리터 내에서 마지막으로 실행된 식 값을 밑줄(_)이라는 특정 변수에 저장한다. 원한다면 이 값을 다른 변수에 할당할 수도 있다.

```
10+20
```

30

```
_   # stores the result of the above expression
```

30

02 값 무시

밑줄(_)은 값을 무시할 경우 사용되고 언팩킹 할 때 특정 값을 사용하지 않으려면 해당 값을 밑줄에 할당한다. 특수변수인 밑줄에 할당하는 것은 향후 코드에서 사용하지 않고 무시하겠다는 것이다.

```
a, _, b = (10, 20, 30) # ignoring a value
print('a is',a, ', b is', b)
```

a is 10 , b is 30

```
c, *_, d = (10, 20, 30, 40, 50) # ignoring multiple values
print('c is',c, ', d is', d)
```

c is 10 , d is 50

03 루프에 사용

루프의 변수로 밑줄(_)을 사용할 수 있다.

```python
animals = ["cat", "dog", "lion"]
for _ in animals:
    print(_, end =',')

for _ in range(9): # looping 9 times
    print(_, end = '/')

_ = 2
while _ < 9:
    print(_, end = ':')
    _ += 1
```

cat,dog,lion,0/1/2/3/4/5/6/7/8/2:3:4:5:6:7:8:

04 숫자의 자릿수 구분

자릿수가 긴 경우(예: 1_000_000_000) 원하는 대로 자릿수를 구분하여 더 잘 이해할 수 있다. 다음으로 밑줄(_)을 사용하여 숫자의 2진수(예: 0b_0011), 8진수(예: octa = 0o_0011) 또는 16진수(예: hexa = 0x_00_11) 부분을 분리할 수도 있다. 다음은 여러 종류 숫자를 정수로 바꾸어서 오류가 있는지 확인할 수 있다.

```python
billion = 1_000_000_000
binary = 0b_0011
octa = 0o_0011
hexa = 0x_00_11

print('billion =', billion, ',binary =', binary, ',octa =', octa,
      ',hexa =', hexa)
```

billion = 1000000000 ,binary = 3 ,octa = 9 ,hexa = 17

이공학을 위한 **파이썬 실습 보고서**

실험제목	실습 ( )		
학과/학년		학 번	확인
이 름		실 험 반	
실습일자		담당교수	

6.1 프롬프트 창에서 다음 코드가 오류 발생여부를 확인하고 오류가 있으면 이유를 설명하여라.

(a) `>>>one third = 1/3`

(b) `>>>x = 1.0 / ( 2.0 + (3.0 * 4.5)`

(c) `>>>letter = "I love Python.`

(d) `>>> x = 1.3`
```
        y = 2.4
        z = 5.7 * y + x y/2
```

(e) `>>>variable = 3`
```
        variable_2 = 9
        z = variable + variable_3
```

(h) `>>>9.0/0.0`

(g) `>>>math.log(0.0)`

(h) `>>>9.0**(10.0**(10.0**10.0))`

6.2 아래 각 줄의 코드에서 결과를 예측하고 각 줄마다 주석을 붙이고 결과를 첨부한다.

```python
list1 = ['p','y','t','h','o','n','m'] #
```

```python
print(list1[2:5]) #
```

```python
print(list1[:-5]) #
```

```python
print('p' in list1) #
```

```python
list1.remove('m') #
print(list1) #
```

```python
list1[2:3] = [] #
list1 #
```

6.3 아래 두 프로그램의 차이점을 설명하여라.

```
str1 = "Python is a programming language."
words = str1.split()
words.sort()

for word in words:
    print(word)
```

```
sorted("Python is a programming language".split(), key=str.lower)
```

6.4 문자열 "20200320Sunny"에서 날짜와 날씨를 뽑는 슬라이싱 코딩을 수행하여라.

6.5 리스트 컴프리헨션의 matrix_row_element와 sq_matrix 결과를 위한 코딩을 하고 각 줄마다 주석을 붙이며 결과를 첨부한다.

```
matrix=[[1,2,3],[4,5,6],[7,8,9]]
matrix_row=[row for row in matrix]
matrix_row_element=[row_element for row in matrix for row_element
                    in row]
sq_matrix=[[element**2 for element in mat_list] for mat_list
           in matrix]
```

6.6 본 실습에서 느낀 점을 기술하고 추가한 실습 내용을 첨부하여라.

CHAPTER

07 프로그램 흐름제어

7.1 프로그램 흐름제어 개요

조건이 참, 거짓인지에 따라 프로그램 흐름을 나누어 주는 분기문(branch)에는 **if** 문, **if-else** 문. **if-elif-else** 문 등이 있다.

조건이 참이거나 순서 열의 끝까지 반복, 중단하게 해주는 반복문(loop)에는 **while**(조건이 참인 동안 반복), **for**(순서열의 처음부터 끝까지 반복), **continue**(조건이 참이면 반복문 계속), **break**(조건이 참이면 반복문 중단) 등이 있다.

7.2 if 문

여러 조건에 따라 각각 다른 명령을 실행할 수 있도록 해준다. **if** 문은 조건을 판별할 때 사용된다. 그림 7.1과 같이 **if** (만약) 조건이 참이라면, _if 블록_의 명령문을 실행하며 아니면 **else**과 _else 블록_의 명령문을 실행한다. 이 때 **else** 조건 절은 생략이 가능하다.

(1) if-else

```
if 조건 1:
    조건 1이 True일 경우
else:
    조건 1이 False일 경우
```

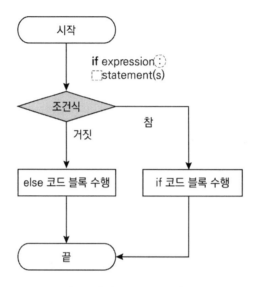

그림 7.1 | if-else 문의 흐름도

```
score=75
if score>=60:
    print('Pass')
else:
    print('Fail')
```

Pass

파이썬에서 :가 나오면 그 다음 줄부터는 무조건 들여쓰기를 한다.
if 다음 줄에 들여쓰기가 된 코드는 if의 영향을 받아서 조건식에 따라
실행이 결정되지만 들여쓰기가 되지 않은 코드는 항상 실행된다.

(2) if-elif-else

두 개 이상의 조건이 필요한 경우, **elif**를 사용하여 추가해준다.

```
if 조건 1:
    조건 1이 True일 경우
elif 조건 2:
    조건 2가 True일 경우
    .
    .
    .
elif 조건 n:
    조건 n이 True일 경우
else 모든 조건이 False일 경우
```

```
score = 75
if score >= 90:
    print('A')
elif score >= 80 and score < 90:
    print('B')
elif score >= 70 and score < 80:
    print('C')
elif score >= 60 and score < 70:
    print('D')
elif score >= 0 and score < 60:
    print('F')
else:
    print('Please Re-enter')
```

C

(3) if 조건표현식

간단한 **if** 문은 조건 표현식으로 한 줄에 작성할 수 있다.

True일 경우 **if** 조건식 **else** False일 경우

```
score = 55
print("Pass") if score >= 60 else print("Fail")
```

```
Fail
```

조건표현식을 중첩하여 여러 개의 조건을 가진 **if** 문을 한 줄로 작성할 수 있다. 그러나 두 개 이상 중첩하여 사용하지 않는다.

> True일 경우 **if** 조건1 **else** 조건1은 False,
> 조건2는 True일 경우 **if** 조건2 **else** 모두 False인 경우

7.3 for 문

순회가능 객체(iterable object)를 매개로 같은 명령을 반복하여 실행해준다. 기본 형태는 다음과 같다. **for**와 **range** 함수를 사용하면 소스 코드 단 4줄 만으로 구구단을 출력할 수 있다. 매개변수 **end**는 해당 결과 값을 출력할 때 다음 줄로 넘기지 않고 그 줄에 계속해서 출력해 준다.

for ... in 문은 객체의 열거형(sequence)을 따라서 반복하여 실행할 때 사용되는 파이썬에 내장된 또 하나의 반복문으로, 열거형에 포함된 각 항목을 하나씩 거쳐 가며 실행한다. 열거형이란 여러 항목이 나열된 어떤 목록을 의미한다.

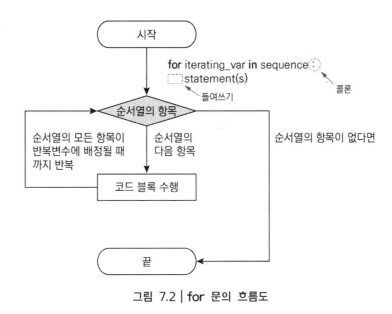

그림 7.2 | for 문의 흐름도

> **for** 변수이름 **in** 순회가능 객체:
>   반복 실행할 코드

```
for i in range(1,10):        # 1st 'for' sentence
    for j in range(1, 10):   # 2nd 'for' sentence
        print(i*j, end=" ")
    print('')
```

```
1 2 3 4 5 6 7 8 9
2 4 6 8 10 12 14 16 18
3 6 9 12 15 18 21 24 27
4 8 12 16 20 24 28 32 36
5 10 15 20 25 30 35 40 45
6 12 18 24 30 36 42 48 54
7 14 21 28 35 42 49 56 63
8 16 24 32 40 48 56 64 72
9 18 27 36 45 54 63 72 81
```

(1) for 문과 if 문

for 문과 **if** 문을 혼합하여 좀 더 복잡한 명령을 반복할 수 있다. 5명의 학생이 시험을
보았는데 시험 점수가 60점이 넘으면 합격이고 그렇지 않으면 불합격이다. 합격인지 불
합격인지 **for** 문과 **if** 문을 사용하여 결과를 알아보는 프로그램이다.

```
scores = [80, 45, 77, 55, 91]
num = 0
for score in scores:
    num = num +1
    if score >= 60:
        print("%dth student is pass." % num)
    else:
        print("%dth student is fail." % num)
```

```
1th student is pass.
2th student is fail.
3th student is pass.
4th student is fail.
5th student is pass.
```

(2) continue

continue는 다음 반복 실행한다. **for** 문 안의 명령이 실행되는 중에 **continue**를 만나면 **for** 문의 처음으로 돌아가 다음 순서의 반복을 수행한다. 60점 이상인 학생에게는 축하 메시지를 보내고 나머지 사람에게는 아무 메시지도 전하지 않는 프로그램을 작성한다.

continue 문은 현재 실행중인 루프 블록의 나머지 명령문들을 실행하지 않고 곧바로 다음 루프로 넘어가도록 한다.

```
scores = [80, 45, 77, 55, 94]
num = 0
for score in scores:
    num = num +1
    if score < 60:
            continue
    print("%dth student, Congraturations. you are a pass." % num)
```

```
1th student, Congraturations. you are a pass.
3th student, Congraturations. you are a pass.
5th student, Congraturations. you are a pass.
```

%s : 문자열, **%d** : 정수, **%f** : 부동소수점

(3) break

break는 반복을 강제 종료한다. **for** 문 안의 명령이 실행되는 중에 **break**를 만나면 즉시 반복을 멈춘다. **for**에 **range(10)**을 지정했으므로 0부터 9까지 반복한다. 하지만 **i**가 3일 때 **break**를 실행하므로 0부터 3까지만 출력하고 반복문을 끝낸다.

break 문은 루프 문을 강제로 빠져나올 때, 즉 아직 루프 조건이 `False`가 되지 않았거나 열거형의 끝까지 루프가 도달하지 않았을 경우에 루프 문의 실행을 강제로 정지시키고 싶을 때 사용한다. 만약 **break** 문을 써서 **for** 루프나 **while** 루프를 빠져나왔을 경우, 루프에 포함된 **else** 블록은 실행되지 않는다.

```
for i in range(10): # 0~9
    print(i)
    if i == 3:
        break
```

```
0
1
2
3
```

(4) 리스트 컴프리헨션(Comprehension)

for 문을 활용하여 한 줄로 리스트를 생성할 수 있다. 기본 형태는 다음과 같다.

> [표현식 **for** 항목 **in** 순회가능객체]

a 리스트의 각 항목에 5를 곱한 결과를 output 리스트에 담는 예제이다.

```
a = [1,2,3,4,5]
output = [num * 5 for num in a]
print(output)
```

```
[5, 10, 15, 20, 25]
```

if 문을 포함한 형태는 다음과 같다.

[표현식 **for** 항목 **in** 순회가능객체 **if** 조건문]

if 조건을 사용하여 a 리스트 중에서 3의 배수에만 5를 곱하여 출력하는 예제이다.

```
a = [1,2,3,4,5,6,7,8,9]
output = [num * 5 for num in a if num % 3 == 0]
print(output)
```

[15, 30, 45]

중첩된 형태는 다음과 같다.

[표현식 **for** 항목1 **in** 순회가능객체1 **for** 항목2 **in** 순회가능객체2]

두수의 곱을 리스트에 담고 싶다면 중첩된 형태로 사용할 수 있다.

```
output = [x*y for x in range(1,5) for y in range(1,6)]
print(output)
```

[1, 2, 3, 4, 5, 2, 4, 6, 8, 10, 3, 6, 9, 12, 15, 4, 8, 12, 16, 20]

7.4 while 문

그림 7.3과 같이 **while** 문은 특정 조건이 참일 경우 계속해서 블록의 명령문들을 반복하여 실행할 수 있도록 한다. **while** 문은 반복문의 한 예이다. 또한 **while** 문에는 **else** 절이 따라올 수 있다.

주어진 조건이 거짓이 될 때까지 명령을 반복 실행한다. **for** 문과 마찬가지로 **if, continue, break**를 사용할 수 있다. **for** 문을 사용한 부분을 **while** 문으로 바꿀 수 있는 경우도 많고, **while** 문을 **for** 문으로 바꾸어서 사용할 수 있는 경우도 많다.

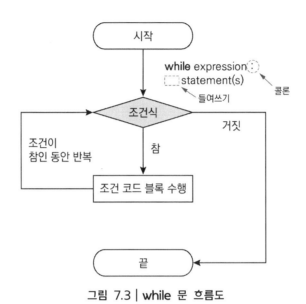

그림 7.3 | while 문 흐름도

```
while 조건:
    조건이 True일 경우 실행
    조건이 False가 될 때까지 계속해서 반복
```

while 문으로 무한히 반복되는 루프를 구현할 수 있다. 다음 예제는 **while** 문과 **if** 문을 사용해 0부터 10까지의 숫자 중에서 3의 배수만 화면에 출력하는 프로그램이다.

```
num = 0
while num <= 10:
    if num % 3 == 0:
        print(num)
    num += 1
```

```
0
3
6
9
```

증가한 num 값이 3의 배수이면 **continue**를 만나 그 아래의 코드를 수행하지 않고 **while** 문의 조건을 판단하는 곳으로 건너뛰게 된다. 따라서 3의 배수가 아닌 수가 출력 된다.

```
num = 0
while num < 10:
    num += 1
    if num % 3 == 0:
        continue
    print(num)
```

```
1
2
4
5
7
8
10
```

다음 예제는 **while** 무한 루프에서 숫자를 증가시키다가 변수 i가 3일 때 반복문을 끝 난다.

```
i = 0
while True:  # Infinity loop
    print(i)
    i += 1
    if i == 3:
        break
```

```
0
1
2
```

7.5 try 문

try-except-else, **try-finally**, **try-except-finally**, **try-except-else-finally** 등이 있다. 변수 x가 정의되지 않았기 때문에 **except** 블록을 수행하고 **finally** 블록은 오류와 상관없이 수행한다.

```
try:
   print(x)
except:
   print("Something go wrong.")
else:
   print("It is OK.")
finally:
   print("The try-except is finished.")
```

```
Something go wrong.
The try-except is finished.
```

그림 7.4와 같이 **try** 블록의 내용을 우선 시도하고, 오류 발생 시 **except** 블록을 거쳐 **finally** 블록을 실행하며, 오류 미발생 시 **else** 블록을 거쳐 **finally** 블록을 실행한다. **finally** 블록은 무조건 실행된다.

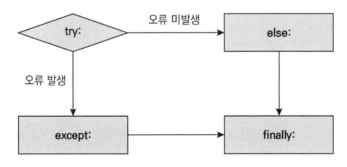

그림 7.4 | try-except-else-finally 문 실행순서

복합문

단순문은 한 줄에 들어가는 코드이고, 복합문(compound statements)은 보통 여러 줄에 걸쳐 작성한다. 복합문은 두 개 이상 행으로 구성한 절(clause)로 구성되며 첫 행을 헤드(head), 그 다음 행은 여러 스위트(suite)이 오고 스위트는 단순한 코드 한 행이다. 헤드부문은 키워드, 콜론(:), 들여쓰기로 구성되고 그 뒤에는 하나 이상 스위트가 위치한다. 스위트는 모음, 호텔 등의 연결된 몇 개의 방으로 이루어진 스위트룸이라는 의미로 사용된다. 스위트부문은 헤드부문을 기준으로 들여쓰기로 구별된다.

docs.python.org/ko/3/reference/compound_stmts.html#if(복합문)
docs.python.org/ko/3/tutorial/controlflow.html(기타 제어 흐름 도구)

```
score=75
if score>=60: # clause1_head1
    print('Pass')  # clause1_suite1
    print('Congraturation!')  # clause1_suite2
else:         | # clause2_head1
    print('Fail')  # clause2_suite1
    print('Cheer-up') # clause2_suite2
```

```
Pass
Congraturation!
```

이공학을 위한 **파이썬 실습 보고서**

실험제목	실습 ( )		
학과/학년		학 번	확인
이 름		실 험 반	
실습일자		담당교수	

7.1 a=int(input("Enter a number:"))로 수를 입력받아 a가 0인지, 음수인지, 양수인지 알려주는 코드를 if-elif-else문으로 만들어라. 각 줄마다 주석을 붙이고 결과를 첨부한다.

7.2 $ax^2 + bx + c = 0$식의 판별식 $d = b^2 - 4ac$이다. d〉0이면 두개의 실근을 가지고, d=0이면 하나의 실근, d〈0이면 실근이 존재하지 않는다. 계수 a, b, c를 입력 받아 근의 종류를 구별하는 프로그램을 만들어라. 단 입력은 a=float(input("Enter the coefficients a: ")) 방식으로 받는다.

7.3 for 문과 range 함수를 사용하여 1에서 50까지 홀수의 합을 구하는 프로그램을 만들고 각 줄마다 주석을 붙이고 결과를 첨부한다.

7.4 계승(factorial)의 값은 1부터 원하는 수까지 정수 모두를 곱한 값이다. 예를 들어 5!=1*2*3*4*5=120이다. 음수는 계승이 정의되지 않고 0!=1이다. num = int(input("Enter a number: "))으로 수를 입력 받아 계승 구하는 프로그램을 만들고 각 줄마다 주석을 붙이며 결과를 첨부한다.

7.5 while 문을 사용하여 1에서 10까지 출력하는 프로그램과 while-break를 이용하여 1에서 10까지 출력하는 프로그램, while-continue을 사용하여 1에서 10까지 5를 제외하고 출력하는 프로그램을 만들고 출력을 첨부하여라.

7.6 아래 프로그램의 흐름도를 그리고 각 줄마다 주석을 붙이며 결과를 첨부한다.

```
for _ in range(10):
    print('loop{}'.format(_), end = ':')
```

7.7 본 실습에서 느낀 점을 기술하고 추가한 실습 내용을 첨부하여라.

08 입력과 출력문

8.1 입력문과 출력문

(1) print 문

print()은 결과 값을 컴퓨터와 소통하는 창인 콘솔(console)로 출력하는 기능을 한다. 파이썬에서 콘솔 출력을 하기 위해 **print()**을 가장 많이 사용한다. 콘솔에서 입력하는 방식을 표준 입력, 출력하는 방식을 표준 출력이라 한다.

```
print(object(s),separator=separator, end=end, file=file, flush=flush)
```

IPython을 이용하여 **<객체명>?**하면 **print** 닥스트링과 유형을 알 수 있다.

```
In [7]: print?
Docstring:
print(value, ..., sep=' ', end='\n', file=sys.stdout, flush=False)

Prints the values to a stream, or to sys.stdout by default.
Optional keyword arguments:
file:  a file-like object (stream); defaults to the current sys.stdout.
sep:   string inserted between values, default a space.
end:   string appended after the last value, default a newline.
flush: whether to forcibly flush the stream.
Type:      builtin_function_or_method
```

변수가 들어갈 곳에 중괄호 {}를 넣고 마지막에 **.format(변수)**를 쓰면 된다. 여러 변수를 출력할 수 있는데 반드시 중괄호 {}의 갯수와 **format**안에 있는 변수 숫자는 같아야 한다.

```
height = 175
weight = 61
print ('나의 키는 {}cm 이고 몸무게는 {}kg 이다.'.format(height, weight))
```

나의 키는 175cm 이고 몸무게는 61kg 이다.

중괄호와 그 안에 있는 문자들은 **str.format()** 메소드로 전달된 객체들로 치환된다. 중괄호 안의 숫자는 **str.format()** 메소드로 전달된 객체들의 위치를 가리키는데 사용될 수 있다.

```
print('{} and {}'.format('Python', 'Numpy'))
print('{1} and {0}'.format('cat', 'dog'))
```

Python and Numpy
dog and cat

print문은 한 줄에 결과 값을 계속 이어서 출력하려면 매개변수 **end**를 사용해 끝 문자를 지정해야 한다.

```
for i in range(10):
    print(i, end=' ')
```

0 1 2 3 4 5 6 7 8 9

sep="는 각각의 인자들을 따옴표 있는 것으로 분리 시켜주는 기능을 가진다.

```
print('010','1234','5678', sep="-") # 010-1234-5678
```

010-1234-5678

파이썬에서 변수들을 출력할 때 중괄호 { }로 변수의 자리를 만들어두고 콜론 ':' 를 기준으로 오른쪽에 왼쪽정렬(<), 오른쪽 정렬(>), 소수점 7.2f 등을 작성한다.

```
number=123.456789123456789
print("num: {}".format(number))

# total digit=7, decimal point rounded to two digits
print("num: {:7.2f}".format(number))

# left alignment and fill with free space 0
print("num: {:0<8.2f}".format(number))

# right alignment and fill with free space 0
print("num: {:0>8.2f}".format(number))

# right alignment and fill with free space *
print("num: {:*>8.2f}".format(number))
```

```
num: 123.45678912345679
num:  123.46
num: 123.4600
num: 00123.46
num: **123.46
```

문자열도 마찬가지로, 정렬 값 넣고 빈 공간을 무엇으로 채울지 결정하면 된다.

```
str = "Hong Gildong"
print(str)
print("{:/>20s}".format(str))
print("{:/<20s}".format(str))
```

```
Hong Gildong
////////Hong Gildong
Hong Gildong////////
```

(2) input() 함수

input()은 가장 기본적인 콘솔 입력 함수이며, 키보드 입력을 받을 때 입력한 값을 변수에 저장한다. **input()**은 입력한 값을 '문자열'로 저장한다. 입력값을 정수형으로 변환하려면 **변수 =int(input("입력할 메시지"))** 형식으로 작성한다. 실수형으로 변환하기 위해서는 int 대신 float를 입력한다.

변수 = **input**(입력받는 값)

123으로 입력한 값은 문자열로 취급한다. 숫자만 입력해도 숫자로 이루어진 문자열로 본다. 정수로 저장하고 싶다면 **int()** 함수를 사용하고, 실수로 바꾸고 싶다면 **float()** 함수를 이용한다.

```
a = input('number is ')
a
```

```
number is 123
```

```
'123'
```

```
b = int(input('number is '))
b
```

```
number is 123
```

```
123
```

```
c = float(input('number is '))
c
```

```
number is 123
```

```
123.0
```

input에 **split**을 사용하면 입력받은 값을 공백을 기준으로 분리하여 숫자가 문자열로 차례대로 저장한다. 그리고 합을 구하기 위해 정수로 변환한다.

```
a, b = input('Please enter two numbers: ').split()
print(a + b)
print(int(a) + int(b))
```

```
Please enter two numbers: 123 123
123123
246
```

split의 결과를 매번 **int**로 변환해주는 대신 **map**에 **int**와 **input().split()**을 넣으면 **split**의 결과를 모두 **int** 혹은 **float**로 변환해준다. 공백이 아닌 콤마를 입력하면 콤마로 분리된다.

```
a, b = map(int, input('Please enter two numbers: ').split(','))
print(a + b)
```

```
Please enter two numbers: 123,123
246
```

8.2 open() 함수를 이용한 파일 입출력

animals 배열에 들어있는 문자열 3개를 animals.dat 파일에 쓰려고 한다. 파일을 열 때는 기본적으로 **with** 문을 통해 **open()** 내장 함수를 호출한다. **with** 문을 사용하지 않을 경우, 파일 닫기를 스스로 해줘야 한다.

open() 내장 함수는 첫 번째 인자로는 파일명, 두 번째 인자로는 모드를 받는다. 파일에 데이터를 쓸 때는 w 모드(기존 파일에 있던 데이터는 모두 사라짐)를 사용하며, 파일을 열고 **write()** 메소드를 사용하면 기록할 데이터가 넘겨지고 실행 시 animals.dat 파일이 생성된다. **\n**은 줄 바꿈 기호이다.

```
animals = ['cat', 'dog', 'lion']
with open('animals.dat', 'w') as file:
    for animal in animals:
        file.write(animal + '\n')
```

read() 함수는 파일의 전체 데이터를 문자열로 반환한다. 실행하면 다음과 같이 콘솔에 파일의 전체 데이터가 출력된다.

```
with open('animals.dat') as file:
    print(file.read())
```

```
cat
dog
lion
```

파일을 줄 단위로 읽어야 할 때 **for** 문을 사용해서 루프 돌릴 수 있다.

```
with open('animals.dat') as file:
    for animal in file:
        print(animal, end='')
```

```
cat
dog
lion
```

파일의 줄 단위로 읽은 결과를 바로 배열에 저장하고 싶다면 **splitlines()** 메소드를 사용한다.

```
with open('animals.dat') as file:
    animals = file.read().splitlines()
    print(animals)
```

```
['cat', 'dog', 'lion']
```

8.3 파일 다루기

open() 함수는 파일명과 모드라는 두 가지 파라미터를 사용하고, 파일을 여는 모드는 네 가지가 있다. **r**(read)는 **open()** 함수의 기본 값이며 읽을 파일을 열기이고, 파일이 없는 경우 오류를 발생하며, **a**(append)는 첨부할 파일을 열기이고(파일 끝에 내용 첨부),

파일이 없는 경우 파일을 생성한다. **w**(write)는 쓸 파일을 열기이며(기존 파일에 덮어쓰기), 파일이 없는 경우 파일을 생성하고, **x**(create)는 지정된 파일 생성하며 파일이 있는 경우 오류를 발생한다.

또한 파일을 텍스트 또는 이진 모드로 처리할 것인지 지정할 수 있다. **t**(text)는 기본값이며, 텍스트 모드를 나타내고 **b**(binary)는 이미지와 같은 이진 모드이다.

open() 함수는 읽기 위한 **read()** 메소드를 가진 파일 객체를 반환한다. 기본적으로 **read()** 메소드는 전체 텍스트를 반환하지만 **read(3)**과 같이 파일의 첫 3개 문자를 반환하는 경우처럼 문자 수를 지정할 수도 있다. 그리고 **readline()**을 사용하면 한 개의 첫 번째 줄을 읽을 수 있다.

(1) 파일을 생성하기 위해 **open()**과 **close()**를 이용하여 작업 디렉토리에 파일을 생성한다. 프로그램을 실행한 디렉토리에 새로운 파일(test.txt)이 생성된 것을 확인할 수 있다.

파일 객체 = **open**(파일 이름 혹은 경로/이름, 파일 열기 모드)

파일 열기 모드
r(읽기모드), **w**(쓰기모드), **a**(추가모드 : 파일 마지막에 새로운 내용 추가), **x**(파일 생성)
　파일 생성 : open('file_name.txt', 'x'), open('file_name.txt', 'w')

```
f = open('D:/work/spyder/test.txt', 'w')
f.close()
```

(2) 파일 쓰기

파일 쓰기 모드로 열 때 파일이 생성된다. 파일 안에는 아무런 내용이 없고 그 안에 내용을 채우기 위해서는 **write()**를 사용한다.

줄 바꿈 기호(\n)를 사용하여 파일에 내용을 모두 기록했다면 **f.close()**를 사용해서 파일을 닫아 준다. 파일 객체는 반드시 열고 작업이 완료되면 반드시 파일을 닫아야 한다. 파일을 닫지 않으면 버퍼링되어 있는 데이터는 기록되지 않을 수 있다.

```
f = open('D:/work/spyder/test.txt', 'w')
f.write('Opening a file\n')
f.write('Closing a file')
f.close()
```

```
f = open('D:/work/spyder/test.txt', 'r')
f.read()
```

```
'Opening a file\nClosing a file'
```

split()를 통해서 문자열을 리스트로 받을 수 있다.

```
f = open('D:/work/spyder/test.txt', 'r')
read = f.read()
split = read.split()
print(split)
```

```
['Opening', 'a', 'file', 'Closing', 'a', 'file']
```

파일의 행을 순환하면서 전체 파일을 한 줄씩 읽을 수 있으며 다음 예제는 파일 줄을 따라 이동하는 것을 나타낸다.

```
f = open('D:/work/spyder/test.txt', 'r')
for x in f:
    print(x, end='')
```

```
Opening a file
Closing a file
```

(3) 내용 추가하기

원래 내용을 유지하고 새로운 내용만 추가할 때 추가모드('a')를 사용한다. 파일을 열고 내용을 추가하고 파일을 닫은 후 **f.close()**로 파일을 닫아 저장을 확인한다.

```
f = open('D:/work/spyder/test.txt', 'a')
f.write("\nModifying a file")
f.close()
```

f.read() 문으로 내용이 잘 추가된 것을 확인할 수 있다.

```
f = open('D:/work/spyder/test.txt', 'r')
print(f.read())
```

```
Opening a file
Closing a file
Modifying a file
```

8.4 Iris Dataset

Scikit-learn은 연습용으로 표준 데이터셋을 제공된다. 이러한 데이터 셋은 Scikit-learn 에서 구현된 다양한 알고리즘의 동작을 신속하게 설명하는데 유용하다. 그러나 그것들 은 종종 실제 머신러닝 과제를 대표하기에는 너무 작다. 다음과 같은 함수로 불러올 수 있다.

load_boston(회귀용 보스턴 주택 가격 데이터 셋), load_iris(분류용 홍채 데이터 셋), load_diabetes(회귀용 당뇨병 데이터 세트), load_digits(분류용 자릿수 데이터셋), load_linnerud(다변량 회귀 분석용 리너드 데이터 셋), load_wine(분류용 와인 데이터 셋), load_breast_cancer(분류용 유방암 위스콘신 데이터 셋) 등이 있다. 자세한 내용은 scikit-learn.org/stable/datasets/index.html에서 참고하면 된다.

통계학자 로널드 피셔(Ronald Fisher,1890~1962)가 소개한 iris(붓꽃)의 꽃받침(sepal) 과 꽃잎(petal)의 길이와 너비를 통해 각 붓꽃의 품종을 구별한 데이터셋이다. 이 데이터 셋에는 그림 8.1과 같이 세가지 품종(부채붓꽃, 꽃창포, 버지니카 붓꽃)에 대해 정리가 되어있다. 세 종류 꽃들의 샘플을 각 50개씩 취해서 총 150개로 되어 있고 코딩의 시작 이 hello world처럼 데이터마이닝의 시작은 Iris 데이터셋이다.

(a)　　　　　　　　　(b)　　　　　　　　　(c)

그림 8.1 | 붓꽃 종류 (a) Iris Setosa (b) Iris Versicolor (c) Iris Virginica

데이터셋에 담긴 항목은 SepalLengthCm(꽃받침의 길이(cm)), SepalWidthCm(꽃받침의 너비(cm)), PetalLengthCm(꽃잎의 길이(cm)), PetalWidthCm(꽃잎의 너비(cm)), Species(붓꽃의 종. setosa, versicolor, virginica) 이다.

다음은 iris.csv 파일을 불러와서 속성을 열어보고, 특성을 분석하며, 박스플롯, 히스토그램, 산점도를 그려보자.

(1) 모듈, 함수, 객체를 포함한 라이브러리를 불러온다.

```
# Load libraries(modules, functions and objects)
from pandas import read_csv
from pandas.plotting import scatter_matrix
from matplotlib import pyplot
```

(2) 데이터셋을 로딩 한다. 원하면 url 대신 작업 디렉토리에 원하는 iris.csv 파일로 불러올 수 있다. 데이터를 로딩할 때 데이터를 탐색할 떼 필요한 각 열의 이름을 규정한다.

```
# Load dataset using pandas with descriptive statistics and data visualization
url = "https://raw.githubusercontent.com/jbrownlee/Datasets/master/iris.csv"
names = ['sepal-length', 'sepal-width', 'petal-length', 'petal-width', 'class']
dataset = read_csv(url, names=names)
```

① http://en.wikipedia.org/wiki/Iris_flower_data_set에 접속한다.

② 표 가장 오른편 하단의 문자열부터 위까지 드래그하고 끝에서 마우스 오른 버튼 클릭하고 복사한다.

③ 엑셀을 열고 붙여넣기 한 후 다른 이름으로 저장을 선택하여 확장자를 csv로 선택한 후 저장한다. 단 아래와 같은 창이 생겨도 무시한다.

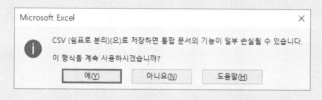

(3) 데이터셋의 차원을 알기 위해 얼마나 많은 행의 사례와 열의 속성을 가진 지 파악한다. 여기서 150개 사례와 5개 속성이 있음을 나타낸다.

```
# shape(Dimensions of Dataset)
print(dataset.shape)
```

(4) 데이터를 살짝 확인한다. **head(20)**은 iris 데이터 중 10번까지만 보여주도록 하는 명령어이다. 여기서 데이터의 처음 10행을 나타낸다.

```
# head(Peek at the Data)
print(dataset.head(10))
```

	sepal-length	sepal-width	petal-length	petal-width	class
0	5.1	3.5	1.4	0.2	Iris-setosa
1	4.9	3.0	1.4	0.2	Iris-setosa
2	4.7	3.2	1.3	0.2	Iris-setosa
3	4.6	3.1	1.5	0.2	Iris-setosa
4	5.0	3.6	1.4	0.2	Iris-setosa
5	5.4	3.9	1.7	0.4	Iris-setosa
6	4.6	3.4	1.4	0.3	Iris-setosa
7	5.0	3.4	1.5	0.2	Iris-setosa
8	4.4	2.9	1.4	0.2	Iris-setosa
9	4.9	3.1	1.5	0.1	Iris-setosa

(5) 속성을 살펴보기 위해 종류별 총수, 평균, 최솟값, 최댓값, 세 개의 사분위 수를 본다. 모든 숫자의 단위는 cm이고, 0~8cm 범위에 있다.

```
# descriptions(count, mean, the min, max values,some percentiles)
print(dataset.describe())
```

```
       sepal-length  sepal-width  petal-length  petal-width
count    150.000000   150.000000    150.000000   150.000000
mean       5.843333     3.054000      3.758667     1.198667
std        0.828066     0.433594      1.764420     0.763161
min        4.300000     2.000000      1.000000     0.100000
25%        5.100000     2.800000      1.600000     0.300000
50%        5.800000     3.000000      4.350000     1.300000
75%        6.400000     3.300000      5.100000     1.800000
max        7.900000     4.400000      6.900000     2.500000
```

(6) 종류별 사례 수를 살펴본다. 각 종류별 사례 수는 50이고, int64인 데이터 형은 부호가 있는 64비트(8바이트) 정수형이다.

```
# class distribution(number of instances (rows))
print(dataset.groupby('class').size())
```

```
class
Iris-setosa        50
Iris-versicolor    50
Iris-virginica     50
dtype: int64
```

(7) 입력의 변수가 수로 주어지면 입력 속성의 분포를 파악하기 위해 각각 단변량 그림인 박스 플롯을 그린다.

```
# box and whisker plots for input numeric variables
dataset.plot(kind='box', subplots=True, layout=(2,2), sharex=False,
            sharey=False)
pyplot.show()
```

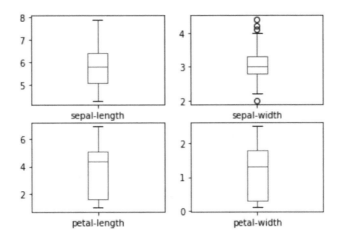

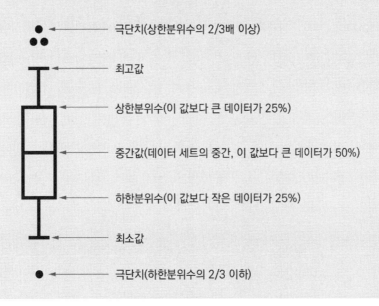

(8) 분포의 경향을 이해하기 위해 각 입력 변수의 히스토그램을 그린다. 입력변수 두 개가 가우시안분포를 가지는 것을 확인할 수 있다.

```
# histograms of each input variable
dataset.hist()
pyplot.show()
```

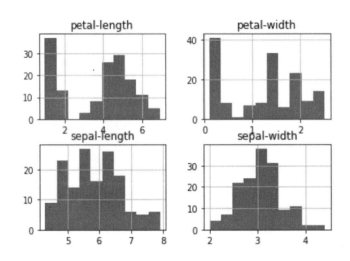

히스토그램

히스토그램(histogram)은 어떠한 변수에 대해서 구간별 빈도수를 나타낸 그래프다. 정규분포 히스토그램을 통해서 직관적으로 판단하려면 최소 7개 이상의 구간에서 분포가 드러나야 한다. 탐색적 데이터 분석에서 변수의 분포, 중심 경향, 퍼짐 정도, 치우침 정도 등을 한눈에 살펴볼 수 있는 시각화 그림이다.

(9) 변수 사이 상호관계를 보기 위해 다변수 그림이 필요하고 모든 쌍의 속성들을 위해 산점도 행렬 플롯을 사용한다. matplotlib으로 산점도 행렬을 그리려면 코드가 너무 길어지고 가독성도 떨어지므로 pandas로 작성한다. 속성들의 쌍이 대각선 분류이면 주목한다.

아래 보기는 기본값 설정을 사용하여 4개의 연속형 변수만을 가지고 그린 산점도 행렬을 나타낸다. **species** 범주형 변수는 알아서 무시하며 코드도 간결하고 그래프도 보기가 좋다. 대각원소 자리에는 각 변수별 히스토그램을 볼 수 있다.

```
# scatter plot matrix
scatter_matrix(dataset)
pyplot.show()
```

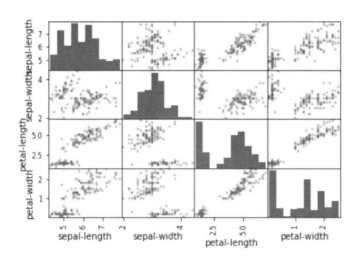

산점도 행렬 플롯

산점도 행렬 플롯(Scatter Matrix Plot)는 여러 개의 연속형 변수에 대해 각 쌍의 산점도를 그려 한 번에 변수 간 관계를 쉽게 이해할 수 있다.

(10) 전체 프로그램

```
# visualization for data

# Load libraries(modules, functions and objects)
from pandas import read_csv
from pandas.plotting import scatter_matrix
from matplotlib import pyplot

# Load dataset using pandas with descriptive statistics and data visualization
url = "https://raw.githubusercontent.com/jbrownlee/Datasets/master/iris.csv"
names = ['sepal-length', 'sepal-width', 'petal-length', 'petal-width', 'class']
dataset = read_csv(url, names=names)

# shape(Dimensions of Dataset)
print(dataset.shape)
```

```
# head(Peek at the Data)
print(dataset.head(20))

# descriptions(count, mean, the min, max values,some percentiles)
print(dataset.describe())

# class distribution(number of instances (rows))
print(dataset.groupby('class').size())

# box and whisker plots for input numeric variables
dataset.plot(kind='box', subplots=True, layout=(2,2), sharex=False, sharey=False)
pyplot.show()

# histograms of each input variable
dataset.hist()
pyplot.show()

# scatter plot matrix
scatter_matrix(dataset)
pyplot.show()
```

8.5 csv 파일

csv(common separated value)는 콤마(comma 혹은 ,)를 기준으로 아래와 같이 데이터를 구분해서 저장하고 처리하겠다는 의미이다. csv 파일은 엑셀과 메모장에서 만들 수 있다. csv 파일이란 엑셀 문서처럼 표의 일종이다. 엑셀 파일인 xls 파일은 엑셀 이외의 데이터 처리 프로그램에서는 읽을 수 없거나 읽기 어렵다. 즉 호환성이 부족하다. 그래서 데이터가 저장된 표를 csv 파일로 만들면 다른 프로그램에서도 읽을 수 있다.

csv 파일은 텍스트 파일이라서, 아주 간단한 csv 파일이라면 메모장으로도 작성할 수는 있지만, 대부분은 엑셀로 생성한다. 우선 엑셀을 실행하여 데이터를 입력한다.

data1, data2, data3 ···data10, data11, ···

csv 변환하기 전에 정보를 정확히 인식시키기 위해 특수문자를 찾아 다른 문자로 대체 혹은 삭제하는 문자열 검사를 해줘야 한다. 먼저 해당 엑셀파일을 열어 Ctrl+F를 클릭하여 컴마(,), 작은 따옴표('), 큰 따옴표("), 역슬래시(\), 슬래시(/)가 있는지 확인하고 다른 문자로 대체 또는 지워준다. 그리고 비어있는 행을 삭제해 준다.

(1) csv 파일 만들기

다음처럼 엑셀 파일에 데이터를 만들고 csv 파일을 만들어 확인해보자.

01 엑셀을 열어 데이터를 입력한다. 엑셀을 사용하여 csv 파일을 만들 때는 파일에 반드시 한 개의 Sheet만 존재해야 한다. 데이터는 영어, 숫자, 한글 모두 입력이 가능하다. **[파일]/[다른 이름으로 저장]** 클릭한다.

02 **파일형식/CSV(쉼표로 분리)/저장**을 수행한다. 완벽히 지원되지 않는 기능이 있을 수 있다는 경고창이 나타난다. 단순경고문구로 특별한 의미를 가지지 않는다. 예(Y) 버튼을 클릭한다.

03 메모장(시작메뉴/모든프로그램/보조프로그램/메모장)을 실행한 후 저장한 csv 파일을 메모장으로 드래그해서 열어준다. 데이터들이 콤마(,)를 기준으로 구분되어 있는 것을 확인한다. 필요하면 수정하고 저장을 눌러 **빠져나온다.**

04 메모장을 종료한 후 csv파일을 더블클릭하면 엑셀에서 파일이 작성했던 셀에 데이터가 채워진 것을 확인한다. 메모장으로 데이터를 입력 시 쉼표로 데이터 분리가 잘 되지 않아 실수할 확률이 매우 높다. 대부분 엑셀을 이용하여 데이터를 입력/수정하고 메모장을 열어 복사해서 사용하거나 저장된 파일을 그대로 이용한다.

(2) 쉼표 이외 구분자 지정하기

데이터 내에 콤마(,)가 포함한 경우 다른 구분자를 사용해야 할 때 사용한다. 다음에서 쉼표 이외 구분자로 지정하여 파일에서 확인해 보자.

01 **시작메뉴/제어판/시계 및 국가_날짜, 시간 또는 숫자형식 변경**을 클릭한다.

그림 8.2 | 제어판 화면

02 추가설정 버튼을 클릭한다. 목록 구분 기호(L)을 콤마(,)가 기본 값으로 입력되어 있다. 이 부분에 구분자로 사용하고 싶은 기호를 입력한다. '|'을 원하면 수정한다.

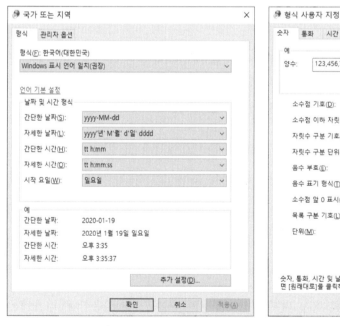

그림 8.3 | 국가 또는 지역 창   그림 8.4 | 형식 사용자 지정 창

03 엑셀 파일을 다시 저장하고 메모장으로 csv 파일을 열어 데이터들이 '|'를 기준 으로 구분되어 있는지 확인한다.

8.6 당뇨병 데이터셋

Scikit-learn의 데이터셋은 442명의 당뇨병 환자를 대상으로 한 검사 결과를 나타내는 데이터이다. **target** 데이터는 1년 뒤 측정한 당뇨병의 진행률로 11열에 해당된다. 모두 정규화된 값인 10개 특징(독립변수, 설명변수)인 나이, 성별, 신체질량지수, 평균혈압, S1, S2, S3, S4, S5, S6이다.

산점도를 그려 세 번째 특징 값과 **target** 값으로 2차원 그림을 그려 상관관계를 알아보자.

01 사이킷런의 데이터셋 모듈에 있는 **load_diabetes** 함수를 불러온 후 매개변수 값을 넣지 않은 채로 함수를 호출한다. diabetes에 당뇨병 데이터가 저장된다.

```python
from sklearn.datasets import load_diabetes
diabetes = load_diabetes()
```

02 diabetes의 **data** 속성과 **target** 속성은 NumPy 배열로 저장되어 있다. **shape**을 이용하여 데이터의 크기를 확인한다. **data**는 442x10 크기의 2차원 배열이고, **target**은 442개 성분을 가진 1차원 배열이다.

```python
print(diabetes.data.shape, diabetes.target.shape)
```

```
(442, 10) (442,)
```

03 **diabetes.data**에 저장된 데이터를 슬라이싱을 이용하여 데이터 앞부분 두 개의 사례를 출력한다. 두 개의 사례 각각 10개의 특징 값이 나타낸다.

```python
diabetes.data[0:2]
```

```
array([[ 0.03807591,  0.05068012,  0.06169621,  0.02187235, -0.0442235 ,
        -0.03482076, -0.04340085, -0.00259226,  0.01990842, -0.01764613],
       [-0.00188202, -0.04464164, -0.05147406, -0.02632783, -0.00844872,
        -0.01916334,  0.07441156, -0.03949338, -0.06832974, -0.09220405]])
```

04 **target**은 위처럼 10개의 특징 값에 한 개가 대응되고 두 사람에 대응하는 두 개 값이 출력한다.

```
diabetes.target[0:2]
```

```
array([151.,  75.])
```

05 당뇨병 환자 데이터를 시각화 해보자. matplotlib의 **scatter()** 함수로 산점도를 그린다. 세 번째 특징 값과 **target** 값을 이용하여 2차원 그림을 그리면 선형관계를 알 수 있다.

```
import matplotlib.pyplot as plt
plt.scatter(diabetes.data[:,3], diabetes.target)
plt.xlabel('3rd feature')
plt.ylabel('target data')
plt.show()
```

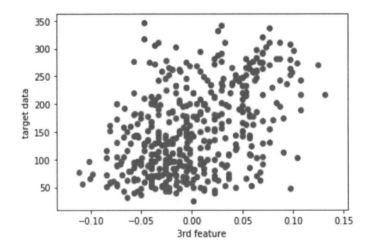

이공학을 위한 **파이썬 실습 보고서**

실험제목	실습 ( )		
학과/학년		학 번	확인
이 름		실 험 반	
실습일자		담당교수	

8.1 아래 코드에서 각 줄마다 주석을 붙이고 결과를 첨부한다.

```python
print('I like {0} and {1}''.'.format('dog','flower')) #
print(type([]) is list,type(()) is tuple, type(()) is not tuple,
      type({}) is not dict,'/', end='') #
```

8.2 아래 코드에서 각 줄마다 주석을 붙이고 결과를 첨부한다.

```
#
import calendar #

year = int(input("Enter year: ")) #
month = int(input("Enter month: ")) #

print(calendar.month(year, month)) #
```

8.3 아래 코드에서 number, number1, number2의 type을 확인하고 각 줄마다 주석을
붙이고 결과를 첨부한다.

```
number = input('Enter a number: ')
number1 = int(number)
number2 = float(number)
```

8.4 내장 함수인 **open()** 함수로 파일 **opentest.txt**를 만들고, 읽고, 자료를 붙이는 프로그램이다. 각 줄마다 주석을 붙이고 결과를 첨부한다. 여기서 __name__ == __main__은 인터프리터에서 직접 실행했을 경우에만 if 문의 코드를 실행하라는 명령이고 __name__는 인터프리터가 실행 전에 만들어 둔 글로벌 변수이다. 구현한 코드가 다른 파이썬 코드에 의해 모듈로 **import**될 경우도 있을 수 있고, 파이썬 인터프리터에 의해서 직접 실행될 경우도 있을 수 있는데, 이 코드는 인터프리터에 의해서 직접 실행될 코드 블록이 있는 경우에 사용한다.

```
def main():
    file1 = open("opentest.txt", "w+")

    file1.write('Hello! \n' 'Welcome to Python opentest.txt \n'
                'This file is for open() sentence.\n' 'GoodLuck! \n')
    file1.close()
if __name__=='__main__':
    main()
```

```
file1 = open("opentest.txt", "r")
if file1.mode == 'r':
    print(file1.read())
file1.close()
```

```
def main():
    file1 = open("opentest.txt", "a+")
    for i in range(2):
        file1.write('Appended line %d\r\n' %(i+1))
    file1.close()
if __name__ =='__main__':
    main()
```

```
def main():
    file1 = open("opentest.txt", "r")
    if file1.mode == 'r':
        f1=print(file1.read())
    file1.close()
if __name__ =='__main__':
    main()
```

```
def main():
    file1 = open("opentest.txt", "r")
    if file1.mode == 'r':
        f1=print(file1.readline())
        f1=print(file1.readline())
    file1.close()
if __name__ =='__main__':
    main()
```

8.5 iris.csv 파일로 불러와서 속성을 살펴보기 위해 종류별 총수, 평균, 최솟값, 최댓값, 세 개의 사분위 수를 보는 프로그램을 만들고 각 줄마다 주석을 붙이고 결과를 첨부한다.

8.6 Scikit-learn의 데이터셋 모듈에 있는 **load_diabetes**함수를 불러온 후 matplotlib의 **scatter()** 함수로 산점도를 그린다. 코드 각 줄마다 주석을 붙이고 결과를 첨부한다.

8.7 본 실습에서 느낀 점을 기술하고 추가한 실습 내용을 첨부하여라.

09 함수문

9.1 함수문이란

수학에서 함수(function)는 그림 9.1과 같이 입력 값 x을 가지고 어떤 일을 수행한 다음에 그 결과물 y을 출력하듯이 파이썬의 함수 역시도 값을 함수에 집어넣으면, 함수는 결과 값을 되돌려준다.

함수문은 특정한 기능을 수행하는 코드의 집합이며, 즉 여러 문장을 하나로 묶는 기능을 한다. 똑같은 내용을 반복해서 수행하는 경우 함수를 정의하여 사용하고, 함수를 이용해 큰 프로그램을 작은 프로그램으로 나누어 작성한다. 함수식의 구성은 다음과 같다.

함수를 정의할 때의 변수이름을 매개변수(parameter)라고 하며, 함수를 호출할 때 전달하는 값을 인수(argument)라고 한다.

```
def 함수명 (매개변수) :
""" 필요 시 함수 사용법 및 기능을 설명하는 닥스트링 (document string)을 기재 """
    <수행할 문장>
    . . .
    (return 결과값)
```

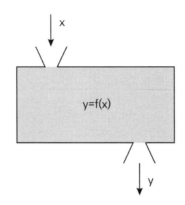

그림 9.1 | 함수의 도식적 그림

(1) 매개변수 한 개

아래 예제에서 함수명은 square이며 인자는 arg 한 개를 가졌으며 제곱하여 반환한다.
return 문을 만나면 함수가 끝나고, 함수를 호출한 곳으로 전달한다. **return** 문이 없으면
함수 내의 마지막 문장을 실행하고 함수를 호출한 곳으로 되돌아가 **None**을 반환한다.

```
def square(arg):
    return arg**2
print(square(5))
```

25

(2) 매개변수 두 개

아래 예제에서 두 인수를 더하고 뺀 값은 튜플 형태의 값으로 반환한다. 반환되는 튜
플 값을 따로 저장하면 정수로 호출된다.

```
def add_sub(arg1, arg2):
    return arg1+arg2, arg1-arg2

result = add_sub(8, 15)
add, sub = add_sub(8, 15)
print(add,",", sub)
result
```

23 , -7

(23, -7)

(3) 가변 인자

아래 예제에서 인자의 개수가 미정인 경우 가변 인자를 전달하기 위해 바로 함수인자 앞에 *를 붙인다. 가변인자 목록은 튜플의 형태로 저장이 된다.

```
def sumfun(*args):
    sum = 0
    for i in args:
        sum += i
    return sum

sumfun(1,2,3,4,5,6,7,8,9)
```

45

아래 예제에서 파이썬의 함수에 인수를 전달할 때, 각각의 인수에 이름을 붙여주고 넘 기기 위해 바로 함수인자 앞에 **를 붙인다. 함수에 인수를 넘길 때 '키=값'의 형태로 넘 긴 인수들이 딕셔너리로 구성되어 함수 **func_name()** 내부에서 딕셔너리처럼 처리된다.

```
def func_name(**moreargs):
    for key, value in moreargs.items():
        print(key, ":", value)
func_name(soonja='85', chulsoo='43', kildong='62', onji='99')
```

```
soonja : 85
chulsoo : 43
kildong : 62
onji : 99
```

(4) 기본 인자 값

직접 인수를 넘겨주지 않으면, 기본 값(default)을 사용한다. 아래 예제처럼 함수 mulfunc의 인자 x에 5, 인자 y에 10의 기본값이 지정되어 있다. 만약 인자 y를 넘겨주지 않으면, 이 인자 y의 값은 기본 값을 가진다. 50만 넘겨주면, x에 50이 들어가고 y는 기본값인 10이 들어가서 500이란 값이 돌아온다. 두 인자 모두 넘겨주면 기본 값을 무시 하고 두 인자의 값이 곱해져서 3000이란 결과가 나온다. 주의할 점은 기본 값을 사용하 려는 인자 뒤에 기본 값을 사용하지 않는 인자가 올 수 없다.

```
def mulfunc(x=5,y=10):
    return x*y

mulfunc()
```

50

```
mulfunc(50)
```

500

```
mulfunc(50,60)
```

3000

(5) pass 함수

함수나 클래스 이름 정의 후 다음 줄에 아무것도 실행시키지 않으려면 **pass** 문을 표기해주어야만 **SyntaxError**가 발생하지 않는다. 그럴 경우 **pass**는 아무것도 실행하지 않고 다음 행으로 넘어간다.

```
def myfunction():
    pass
```

(6) 매개변수가 리스트

아래 예제에서 데이터형(문자열, 수, 리스트, 딕셔너리 등) 매개변수를 함수로 보내고 함수에서 똑같은 데이터로 처리한다.

```
def func_name(car):
  for x in car:
    print(x, end='-')

makers = ["Ford", "Benz", "Hyundae", "Toyota"]
func_name(makers)
```

Ford-Benz-Hyundae-Toyota-

(7) 지역변수와 전역변수

지역변수(local variable)는 함수 안에서 선언한 변수나 매개변수이고, 함수의 호출이 끝난 후 사라진다. 전역변수(global variable)은 프로그램 내부의 모든 곳에서 사용할 수 있는 변수이고, 함수의 호출이 끝난 후 남아있고 프로그램이 종료되면 사라진다. 그래서 프로그램 사용 중에는 같은 이름의 전역변수를 사용할 수 없다. 그러나 아래 예제와 같이 함수 내부에 지역변수는 전역변수와 특성이 다르기 때문 이름이 같을 수 있다.

```python
var = "global_variable" # global variable
def myfunc():
    var = "local_variable" # local variable
    print("I am " , var)

myfunc()
print("I am " , var)
```

```
I am  local_variable
I am  global_variable
```

함수 내부에 전역변수로 바꾸기를 원한다면 **global** 키워드를 사용한다. 아래 예제처럼 두 변수의 이름이 같다면 지역 변수를 먼저 처리함을 알 수 있다.

```python
var = "global_variable" # global variable
def myfunc():
    global var
    var = "local_variable" # local variable
    print("I am " , var)

myfunc()
print("I am " , var)
```

```
I am  local_variable
I am  local_variable
```

9.2 파이썬 주석과 닥스트링

　파이썬에서는 주석을 #기호를 사용하여 표현하고 코드에 어떠한 영향도 미치지 않는다. 파이썬 닥스트링(docstring : document string)은 사용법, 기능 설명의 문자열을 말한다. 큰따옴표 세 개 혹은 작은 따옴표 세 개를 사용하여 작성한다. 닥스트링을 사용하여 여러 줄의 주석을 작성할 수 있다.

　모듈 파일 처음이나 함수, 클래스 선언 다음 라인에 닥스트링을 작성한다. 중요한 내용을 닥스트링 첫줄에 작성 후, 한 칸 띄고 자세한 내용을 적는다. 주석과 닥스트링은 출력 결과에 영향을 미치지 않는다. 아래 예제처럼 Sum2Num은 두 수를 합하는 함수로 닥스트링과 주석을 붙였다.

```
def Sum2Num(arg1,arg2): # Define function
    """This program is a sum of the two numbers and return.
    This is docstring.
    A docstring is a string literal specified in source code
    that is used, like a comment, to document a specific segment of code.
    """
    return arg1+arg2  # return a summation of two numbers
print(Sum2Num(4,5))  # print sentence
```

9

　IPython을 이용하여 **help()** 함수로 닥스트링 내용을 확인할 수 있다. 닥스트링 내용은 **__main__** 속성에 저장된다.

```
help(Sum2Num)
```

```
Help on function Sum2Num in module __main__:

Sum2Num(arg1, arg2)
    This program is a sum of the two numbers and return.
    This is docstring.
    A docstring is a string literal specified in source code
    that is used, like a comment, to document a specific segment of code.
```

IPython을 이용하여 **<객체명>?**하면 닥스트링과 파일 위치, 유형을 알 수 있다.

```
Sum2Num?
```

```
Signature: Sum2Num(arg1, arg2)
Docstring:
This program is a sum of the two numbers and return.
This is docstring.
A docstring is a string literal specified in source code
that is used, like a comment, to document a specific segment of code.
File:       d:\work\jupyter\python programmming_book\<ipython-input-2-5ebd008cde81>
Type:       function
```

내장 함수인 **sum** 역시 닥스트링 내용을 확인할 수 있다.

```
sum?
```

```
Signature: sum(iterable, start=0, /)
Docstring:
Return the sum of a 'start' value (default: 0) plus an iterable of numbers

When the iterable is empty, return the start value.
This function is intended specifically for use with numeric values and may
reject non-numeric types.
Type:       builtin_function_or_method
```

9.3 변수의 종류

(1) 변수명 공간

변수를 선언하면 그 변수명이 이름공간에 생성된다. 파이썬에서 변수명을 가지고 값을 얻어낼 수 있던 것은 사실 이름공간에 있는 이름을 가지고 특정 객체에 접근하여 불러온다.

변수명 공간은 그림 9.2와 같이 함수 내부의 공간은 지역(local) 영역이라 하고, 함수 외부의 공간은 전역(global) 영역이라고 하며, 파이썬 자체에서 정의된 공간은 내장

(built-in) 영역이라고 한다. 이름을 검색하는 규칙은 지역, 전역, 내장 순으로 검색하게 되어 첫 글자로부터 LGB(local-global-built-in) 규칙이라고도 한다.

그림 9.2 | 변수명의 공간

다음 예제에서 arg을 100으로 초기화하고, 그 후에 fun_name라는 함수를 정의하였는데 인자 목록에도 arg이란 이름을 지닌 인자가 존재한다. 마지막 줄에 함수 fun_name에 arg의 값을 넘겨주고, 함수 **print**로 arg의 값은 100이다. 이는 지역 영역에 묶여있는 arg란 변수와 전역 영역에 묶여있는 변수 arg은 서로 다른 객체를 가리킨다. 함수 내부의 인자 arg의 값을 아무리 수정해도 외부에 있는 변수 arg의 값은 변하지 않는다.

```
arg=100
def fun_name(arg):
    arg=5
    arg=arg**2
fun_name(arg)
print(arg)
```

100

다음 예제에서 전역변수 arg을 선언하고 지역영역에 있는 변수 arg의 값이 5로 대치한다. 함수 fun_name를 호출하고 나서 내장 함수인 **print**로 arg의 값을 출력하면 5를 제곱한 25의 결과를 얻을 수 있다.

```
arg=100
def fun_name():
    global arg
    arg=5
    arg=arg**2

fun_name()
print(arg)
```

25

(2) 도함수

도함수는 실수범위의 모든 x값에 대응되는 접선의 기울기이고, 미분계수는 특정한 점에서 접선의 기울기이다. 즉 미분계수는 기하학적으로 함수 그래프의 접선의 기울기이다. 다음 식은 함수 $f(x)$의 $x=a$에서 순간변화율(=미분계수) $f'(a)$ 정의이다.

$$f'(a) = \lim_{h \to 0} \frac{f(a+h) - f(a)}{h}$$

$$f(x) = x^2 \text{의 도함수, } x = 2 \text{에서 미분계수}$$

<풀이> $df = f(x+dx) - f(x) = (x+dx)^2 - x^2 = x^2 + 2xdx + (dx)^2 - x^2 = 2xdx$

도함수는 $f'(x) = \dfrac{df}{dx} = \dfrac{2xdx}{dx} = 2x$이고 미분계수는 4이다.

함수 $g(x) = 2x^2 + 3x + 5$의 $x = 0$와 $x = 1$에서 미분계수를 구하는 코드이다.

```
def g(x):
    return 2*x**3+3*x+5
def diff(x,h):
    return (g(x+h)-g(x))/h
for h in[1e-1, 1e-2, 1e-4]:
    print('h=', h, 'diff(0,h)=', diff(0,h),'diff(1,h)=', diff(1,h))
```

h= 0.1 diff(0,h)= 3.019999999999996 diff(1,h)= 9.620000000000015
h= 0.01 diff(0,h)= 3.000199999999964 diff(1,h)= 9.060200000000052
h= 0.0001 diff(0,h)= 3.000000020003668 diff(1,h)= 9.00060001999492

9.4 람다 식

프로그램이 간단하여 이름을 붙이지 않아도 되는 경우 이름이 없는 함수(익명 함수)를 만들 수 있다. 익명 함수를 만들 때는 def 문 대신 람다(lambda) 식을 이용하며 람다는 람다 대수라는 용어에서 따온 이름이다.

lambda 예약어로 만든 함수는 **return** 명령어가 없어도 결과 값을 돌려준다.

```
lambda 매개변수1, 매개변수2, ... : 매개변수를 이용한 표현식

lambda arguments : expression
```

아래 예제에서 onemul은 한 개의 인수를 받아 10과 곱한 값을 돌려주는 **lambda** 함수이다.

```
onemul=lambda a : a*10
print(onemul(5))
```

50

아래 예제에서 twomul은 두 개의 인수를 받아 서로 곱한 값을 돌려주는 lambda 함수이다.

```
twomul=lambda x, y: x*y
print(twomul(5, 6))
```

30

아래 예제에서 trimul은 세 개의 인수를 받아 서로 곱한 값을 돌려주는 lambda 함수이다.

```
trimul = lambda x, y, z : x*y*z
print(trimul(3, 5, 10))
```

150

아래 예제에서 lambda 함수를 **filter** 안에 바로 정의할 수도 있다. 주어진 리스트에서 짝수를 돌려준다.

```
list(filter(lambda x: x % 2 == 0, [5, 2, 7, 12, 19, 4]))
```

[2, 12, 4]

9.5 라이브러리, 모듈, 패키지

(1) 라이브러리

여러 모듈과 패키지를 묶은 것으로 파이썬을 설치할 때 기본적으로 설치되는 표준 라이브러리와 서드 파티에서 개발한 모듈과 패키지를 묶은 외부 라이브러리가 있다. 파이썬 표준 라이브러리에 대한 공식참조 문서는 docs.python.org/3/library이다.

서드 파티

서드 파티(third party)는 해당 분야에 원천기술을 확보하고 있는 주요기업이 아니라, 그 분야에 호환되는 상품을 출시하거나 파생상품 등을 생산하는 회사들을 지칭한다.

하드웨어 생산자가 직접 소프트웨어를 개발하는 경우 first party, 하드웨어 생산자인 모기업과 자사간의 관계에서의 소프트웨어 개발자라면 보통 second party라고 부르며 하드웨어 생산자와 직접적인 관계없이 소프트웨어를 개발하는 회사를 서드 파티라고 부른다.

(2) 패키지

패키지는 특정 기능과 관련된 여러 모듈들을 하나의 상위 폴더에 넣어놓은 디렉토리이다. 패키지 안에 여러 폴더가 있을 수 있고 패키지를 위해 __init__.py가 존재하지만 파이썬 3.3부터 없어도 패키지로 인식한다. NumPy 패키지는 외장 패키지이며, **numpy**라는 폴더 내에서 여러 모듈이 존재한다. 과학이나 공학용에 많이 사용하는 NumPy, SciPy, pandas, matplotlib 등이 있고, 딥러닝을 위한 Tensorflow, Keras 등이 있다.

패키지는 계층적으로 조직화하고, 패키지는 보통 모듈뿐만 아니라 서브 패키지도 포함할 수 있다. 모듈들은 넣어둔 디렉토리명이 패키지명이 된다.

파이썬 패키지 대부분 PiPI(The Python Package Index)라는 패키지 저장소에서 관리하고 주요 패키지는 PiPI에 등록되어 있다(pypi.org). 등록된 패키지는 검색한 후 pip로 설치할 수 있다.

> 패키지는 폴더에 해당하고, 모듈은 폴더 안의 파일에 해당. 파이썬에 기본으로 설치된 모듈과 패키지, 내장 함수를 묶은 파이썬 표준 라이브러리(Python Standard Library)

(3) 모듈

모듈은 특정 기능들을 표현된 모든 함수, 클래스 등의 파이썬 파일이다. **abs(), math** 모듈은 내장 모듈이다. **math** 등의 일부 내장 모듈(built-in module)은 파이썬 언어 자체에 포함되어 있지만 나머지 모듈과 패키지는 별도 파일 형태로 존재한다. 다음은 내장 모듈을 확인하는 코드이다.

```
Anaconda Powershell Prompt (Anaconda3)
(base) PS C:\Users\user> python
Python 3.7.4 (default, Aug  9 2019, 18:34:13) [MSC v.1915 64 bit (AMD64)] :: Anaconda, Inc. on win32
Type "help", "copyright", "credits" or "license" for more information.
>>> import sys
>>> sys.builtin_module_names
('_abc', '_ast', '_bisect', '_blake2', '_codecs', '_codecs_cn', '_codecs_hk', '_codecs_iso2022', '_codecs_
jp', '_codecs_kr', '_codecs_tw', '_collections', '_contextvars', '_csv', '_datetime', '_functools', '_heap
q', '_imp', '_io', '_json', '_locale', '_lsprof', '_md5', '_multibytecodec', '_opcode', '_operator', '_pic
kle', '_random', '_sha1', '_sha256', '_sha3', '_sha512', '_signal', '_sre', '_stat', '_string', '_struct',
'_symtable', '_thread', '_tracemalloc', '_warnings', '_weakref', '_winapi', 'array', 'atexit', 'audioop',
'binascii', 'builtins', 'cmath', 'errno', 'faulthandler', 'gc', 'itertools', 'marshal', 'math', 'mmap',
'msvcrt', 'nt', 'parser', 'sys', 'time', 'winreg', 'xxsubtype', 'zipimport', 'zlib')
>>>
```

외부 모듈에는 인터프리터가 제공하는 시스템이나 특화된 함수나 변수를 제공하는 **sys**(system specific parameters and functions), 내부기능을 확장하여 추가기능을 사용할 수 있도록 하는 **os**(miscellaneous operating system interface), 시간과 관련 기능 **time**(time acess and conversion), 달력 기능의 **calendar**, 난수 발생 **random**, 객체관련 **pickle**(Python object serialization), 임시 파일 관련 **tempfile** 등이 있다.

os 모듈을 **import**한 후에는 **os**라는 이름이 **dir** 함수의 결과 값 리스트에 추가된 것을 확인할 수 있다.

```
■ Anaconda Prompt (Anaconda3) - python                                  —  □  ×

(base) C:\Users\user>python
Python 3.7.4 (default, Aug  9 2019, 18:34:13) [MSC v.1915 64 bit (AMD64)] :: Anaconda, Inc. on win32
Type "help", "copyright", "credits" or "license" for more information.
>>> dir()
['__annotations__', '__builtins__', '__doc__', '__loader__', '__name__', '__package__', '__spec__']
>>> import os
>>> dir()
['__annotations__', '__builtins__', '__doc__', '__loader__', '__name__', '__package__', '__spec__', 'os']
>>>
```

새 창을 띄워 모듈의 파일을 import한 경우 **dir()**의 결과 값 리스트에는 **os**가 아니라 **os** 모듈에 구현된 **listdir** 함수만 존재하는 것을 확인할 수 있다. **os** 모듈 내의 **listdir** 함수를 호출할 경우 오류가 발생한다. **listdir()**과 같이 해당 함수를 직접 이용하는 방법만 가능하다. 함수 이름만으로도 바로 함수 호출이 가능하므로 프로그래밍 할 코드의 수가 적어진다.

```
■ Anaconda Prompt (Anaconda3) - python                                  —  □  ×

(base) C:\Users\user>python
Python 3.7.4 (default, Aug  9 2019, 18:34:13) [MSC v.1915 64 bit (AMD64)] :: Anaconda, Inc. on win32
Type "help", "copyright", "credits" or "license" for more information.
>>> from os import listdir
>>> dir()
['__annotations__', '__builtins__', '__doc__', '__loader__', '__name__', '__package__', '__spec__', 'listdir']
>>>
```

(4) 함수

내장함수는 **abs()**, **complex()**, **int()** , **list()**, **ord()** 등의 내장함수(built-in function)를 모듈에 포함되고, import 없이 사용가능하다. 내장함수 사이트는 docs.python.org/ko/3/library/functions.html이다.

외장함수은 파이썬 사용자들이 만든 유용한 프로그램들을 모아 놓은 것이 바로 파이썬 라이브러리이다. **random, list** 등이 여기에 속한다.

그림 9.3은 변수, 함수, 클래스, 모듈, 패키지, 라이브러리의 관계를 나타낸다.

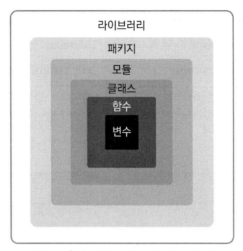

그림 9.3 | 변수에서 라이브러리까지 관계

(5) import

패키지 모듈을 import하기 위해 **from 패키지명 import 모듈명** 문을 사용하고 패키지 모듈 내의 특정 함수만 import하여 사용하고 싶다면, **from 패키지명.모듈명 import 함수명**을 사용한다.

> **__main__**
>
> 파이썬 인터프리터는 소스 파일을 읽고, 그 안의 모든 코드를 실행하게 되는데, 코드를 실행하기 전에 특정한 변수 값을 정의하고 그중에 전역변수 **__name__**를 **__main__**에 입력되어 같게 된다. 그러나 **import**로 가져올 경우 모듈의 **__name__** 변수가 **__main__**이 아니라 모듈의 이름으로 설정하게 된다.

01 **import로 모듈 가져오기**

```
import 모듈1, 모듈2
모듈.변수
모듈.함수()
모듈.클래스()
```

파이썬 표준 라이브러리의 수학 모듈 **math**를 가져와서 **모듈.변수** 형식으로 원주율 π, 자연상수 e을 출력한다.

```
import math
math.e, math.pi
```

(2.718281828459045, 3.141592653589793)

math 모듈의 거듭제곱(a^m) 함수 **pow()**를 사용하여 **모듈.함수()** 형식으로 **math.pow (3,2)**을 출력한다.

```
import math
math.pow(3,2)
```

9.0

02 import **as**로 모듈 이름 지정하기

import math as m과 같이 모듈을 가져오면서 **as** 뒤에 이름을 지정해주어 이후 **math** 모듈을 사용할 때 **m**으로 줄여서 사용한다.

```
import 모듈 as 이름
```

```
import math as m
m.pow(3,2)
```

9.0

03 from **import**로 모듈의 일부만 가져오기

```
from 모듈 import 변수
from 모듈 import 함수
from 모듈 import 클래스
from 모듈 import 변수, 함수, 클래스
from 모듈 import *
```

from math import e와 같이 **from** 뒤에 모듈 명을 지정하고 **import** 뒤에 가져올 변수를 입력하면 가져온 변수를 사용할 때는 e와 같이 모듈 명을 붙이지 않고 사용할 수 있다.

```
from math import e
e
```

2.718281828459045

math 모듈에서 **pow()** 함수를 불러와서 **pow(3,2)**처럼 앞에 **math**를 붙이지 않고 함수를 바로 사용할 수 있다.

```
from math import pow
pow(3,2)
```

9.0

math 모듈에서 가져올 변수와 함수가 여러 개일 수도 있고 아래 코드는 **e**와 **pow** 두 개를 가져와 바로 사용한다.

```
from math import e, pow
e
```

2.718281828459045

```
pow(3,2)
```

9.0

from 모듈 import *는 **math** 모듈의 모든 변수, 함수, 클래스를 가져올 수 있다. 보통 컴퓨터에서 *(asterisk) 기호는 모든 것을 뜻한다. 단점은 불러온 모듈에서 사용하는 변수와 같은 변수가 있을 경우 덮어쓰기가 된다.

```
from math import *
pi
```

3.141592653589793

```
pow(3,2)
```

9.0

04 from import로 모듈의 일부를 가져온 뒤 이름 지정하기

```
from 모듈 import 변수 as 이름
from 모듈 import 함수 as 이름
from 모듈 import 클래스 as 이름
from 모듈 import 변수 as 이름1, 함수 as 이름2, 클래스 as 이름3
```

from import로 가져온 변수, 함수, 클래스 뒤에 **as**로 이름을 지정하면 된다. **math** 모듈에서 **pow** 함수를 가져오면서 이름을 p로 지정해 보자.

```
from math import pow as p
p(3,2)
```

9.0

각 변수, 함수, 클래스 등을 콤마로 구분하여 **as**를 여러 개 지정할 수 있다.

```
from math import pi as p, sqrt as s
p
```

3.141592653589793

```
s(2)
```

1.4142135623730951

05 **math**로 계산하기

math 모듈을 먼저 불러온 후 **float(input())**로 입력받은 숫자를 실수로 바꾸어준다. **floor()** 함수는 무조건 내림해주고, **ceil()** 함수는 숫자를 올림 한다. **trunc()** 함수는 0을 향해 내림을 하고, **round()**는 파이썬의 내장함수로 반올림을 할 수 있다. **fab()** 함수는 실수의 절대 값을 반환한다.

```
import math

number=float(input('Enter a floating number = '))

print('Floor value = ', math.floor(number))
print('Ceiling value = ', math.ceil(number))
print('Absolute value = ', math.fabs(number))
```

```
Enter a floating number = -0.9
Floor value =  -1
Ceiling value =  0
Absolute value =  0.9
```

%reset으로 모든 변수를 삭제한 후 **math** 라이브러리를 불러온다. **int(input())**으로 입력받은 숫자를 정수로 바꾸어준 후 **math**에 있는 지수함수와 로그함수를 계산할 수 있다. **{0:.3f}**는 **format()**의 0번째 인수의 실수 값을 소수점 아래 3자리만 반환하도록 하는 것이다.

```
# %reset
import math

number=int(input('Enter a number(x) = '))
value1=math.exp(number)
value2=math.log(math.fabs(number), 10)

print ('exp(x)= {0:.3f}, log_10(x)={1:.3f}'.format(value1, value2))
```

```
Enter a number(x) = 10
exp(x)= 22026.466, log_10(x)=1.000
```

9.6 *args과 **kwargs

adder() 함수는 x, y, z의 세 가지 인수를 갖고 있고 **adder()** 함수를 호출시 3개의 값을 통과하면 3개의 숫자의 합이 출력된다. 그러나 아래 프로그램처럼 **adder()** 함수에 인수를 세 개가 아닌 개수를 입력하면 **TypeError**가 발생한다.

그래서 파이썬인 경우 ***args**(non keyword arguments), ****kwargs**(keyword arguments) 와 같은 특별한 기호를 함수에서 사용하여 인수의 변수 개수로 전달할 수 있다. 함수에서 통과할 인수 수에 대해 확실하지 않을 때 ***args**와 ****kwargs**와 같은 인수를 사용한다.

*args와 ***kwargs**는 함수에서 가변길이 인수를 취할 수 있는 특수 키워드이고, ***args**는 키워드가 아닌 인수 리스트의 변수 수의 작업을 수행할 수 있다. ****kwargs**는 키워드 인수 딕셔너리의 변수 수이며 딕셔너리의 조작을 수행할 수 있다.

```
def adder(x,y,z):
    print('Sum =', x+y+z)

adder(10,20,30,40)
```

```
TypeError: adder() takes 3 positional arguments but 4 were given
```

(1) 가변길이 인수를 함수에 전달을 위한 *args

함수에서는 가변길이 인수를 전달하기 위해 매개변수 이름 앞에 별표 *를 사용해야 한다. 인수는 튜플로 전달되며, 이러한 전달된 인수는 별표 *를 제외한 매개변수로 동일한 이름을 가진 함수 내부에서 튜플을 만든다.

아래 프로그램에서는 가변길이 인수를 **adder()** 함수에 전달할 수 있는 파라미터로 *num을 사용했다. 함수 내부에서 전달된 인수를 추가하고 결과를 인쇄하는 루프를 가지고 있으며 가변길이 인수 두 개의 다른 튜플을 함수에 통과시켰다.

```
def adder(*num):
    sum = 0
    for n in num:
        sum = sum + n
    print('Sum =', sum)

adder(10,20)
adder(10,20,30,40)
```

```
Sum = 30
Sum = 100
```

(2) 함수에 변수 키워드 인수 전달을 위한 **kwargs

파이썬은 **args**를 사용하여 가변길이 키워드가 아닌 인수를 전달하지만, 키워드 인수를 통과시킬 수 없다. 이를 해결하기 위해 **kwargs**을 가지고 키워드 인수의 가변 길이를 함수에 전달할 수 있게 된다.

함수에서 파라미터 이름 앞에 두 개의 별표 **를 사용하여 이 유형의 인수를 나타낸다. 인수는 딕셔너리로 전달되며, 이러한 인수는 이중 별표 **를 제외한 파라미터와 이름이 같은 딕셔너리 내부 함수를 만든다.

아래 프로그램에서 **data을 매개변수로 하는 함수 **pid()**를 가지고 있다. **pid()** 함수에 가변적인 인수의 길이를 가진 딕셔너리를 통과시켰다. 통과된 딕셔너리의 데이터에서 작동하여 딕셔너리의 값을 인쇄하는 **pid()** 함수 안에 루프를 가지고 있다.

```
def pid(**data):
    print('\nData type of argument:',type(data))
    for key, value in data.items():
        print('{} is {}'.format(key,value))

pid(Name='Lee Soonhee', Email='leesh@naver.com', Age=20, Home='Yeongju',
    Job='Teacher', Phone=1012345678 )
```

```
Data type of argument: <class 'dict'>
Name is Lee Soonhee
Email is leesh@naver.com
Age is 20
Home is Yeongju
Job is Teacher
Phone is 1012345678
```

이공학을 위한 **파이썬 실습 보고서**

			확인
실험제목	실습 ( )		
학과/학년	**학 번**		
이 름	**실 험 반**		
실습일자	**담당교수**		

9.1 숫자 리스트가 list_number = [18, 65, 54, 39, 81, 39, 45, 55, 90]일 때 9로 나누어 지는 수를 출력하는 프로그램을 작성하고 각 줄마다 주석을 붙이며 결과를 첨부하여라.

9.2 파이썬 연산 모듈에서 모든 삼각함수를 사용할 수 있다. 코드의 각 줄마다 주석을 붙이고 결과를 첨부하여라.

```
import math #
angDegree=int(input('Enter a angle in degree = ')) #
angRadian = math.radians(angDegree) #

print('The given angle in radian =', angRadian) #
print('sin(x) is :', math.sin(angRadian)) #
print('cos(x) is :', math.cos(angRadian)) #
```

9.3 어떤 숫자의 계승은 1부터 그 숫자까지의 모든 정수의 곱으로 나타내는 프로그램이다. 프로그램 흐름도를 구하고 각 줄마다 주석을 붙이며 결과를 첨부하여라.

```
 #
def factorial(n): #
    if n == 1: #
        return n #
    else: #
        return n*factorial(n-1) #
number =int(input('Enter a Number :') ) #
 #
if number < 0: #
    print("Factorial does not exist for negative numbers") #
elif number == 0: #
    print("The factorial of 0 is 1") #
else: #
    print("The factorial of", number, "is", factorial(number)) #
```

9.4 가변길이 인수 *args와 **kwargs을 사용한 코드이다. 각 줄마다 주석을 붙이고 결과를 첨부한 후 차이점을 기술하여라.

```
def pidFun(*argv): #
    for arg in argv: #
        print (arg) #
pidFun('Hong', 'Gildong', 'Yeongju', 'leesh@naver.com') #
```

```
def pidFun(arg1, *argv): #
    print ("First argument :", arg1) #
    for arg in argv: #
        print("Next argument through *argv :", arg) #

pidFun('Hong', 'Gildong', 'Yeongju', 'leesh@naver.com') #
```

```
def pidFun(**kwargs): #
    for key, value in kwargs.items(): #
        print ("%s : %s" %(key, value)) #

pidFun(Firstname='Hong', Secondname='Gildong', Home='Yeongju',
       email='leesh@naver.com') #
```

```
def pidFun(arg1, arg2):  #
    print('arg1 :', arg1)  #
    print('arg2 :', arg2)  #

args = ('Hong', 'Gildong')  #
pidFun(*args)   #

kwargs ={'arg1':'Hong', 'arg2':'Gildong'}  #
pidFun(**kwargs)   #
```

9.5 본 실습에서 느낀 점을 기술하고 추가한 실습 내용을 첨부하여라.

10 클래스와 객체

10.1 객체

(1) 클래스, 객체, 인스턴스

구조화 프로그래밍은 함수가 중심이고 객체 프로그래밍은 데이터가 중심이다. 큰 프로그램들은 여러 곳으로 방대하고 다양한 데이터를 보내고 처리해야 하므로 구조화 방식인 경우 함수만으로 처리하면 프로그램이 매우 복잡해진다.

클래스 내 객체(object)의 생성은 메모리에 변수가 저장될 공간을 만들어주는 것이며, 클래스 객체의 경우 메모리를 점유하고 있다. 동일 클래스 내에서 이미 객체를 생성한 후에는 그냥 메소드(method)만 호출하면 되어 재사용성, 상속성, 캡슐화, 추상화 등의 장점을 가진다.

클래스를 만들 때는 **class 클래스이름:** 형식으로 시작해서 그 다음부터 그 클래스의 성질이나 행동을 정의해준다. 둘째 줄에는 함수가 정의되고, 클래스 내부에 정의된 함수를 메소드라고 한다. **인스턴스 이름=클래스()**와 같이 인스턴스(instance) 이름인 객체를 만들어 주고 어떤 객체의 메소드를 사용할 때는 **객체.메소드** 형식으로 해준다.

그림 10.1과 같이 클래스는 같은 종류의 사물의 청사진과 같고, 인스턴스는 한 클래스의 특별한 실현인 것이다. 객체는 속성을 포함하고 있고 데이터 속성(정적 속성 또는 변수)과 동적 동작인 메소드를 포함한다. 객체는 이름, 데이터 속성 및 메소드로 표현된다.

속성에 접근하기 위해 '점' 연산자를 **클래스_이름.속성_이름** 혹은 **인스턴스_이름.속성_이름** 처럼 사용한다. 인스턴스라는 말은 특정 객체가 어떤 클래스의 객체인지를 관계 위주로 설명할 때 사용한다.

객체는 객체지향 이론에서 나오는 개념으로, 현실 세계를 추상화 및 모델링한 실체들이다. 객체는 현실 세계의 모든 것이 구체화된 개개의 실체이므로, 서로 구별이 가능하며 독립적인 특성을 갖는다. 한 예로 자동차라는 클래스가 있고, 자동차 회사에서 생산된 유사한 속성을 지닌 자동차들은 객체들의 집합체이다. 그림 10.1은 객체지향인 실세계, 클래스, 객체, 그리고 인스턴스의 관계를 설명하고 있다. 참고로 C-언어는 클래스(class)가 없다.

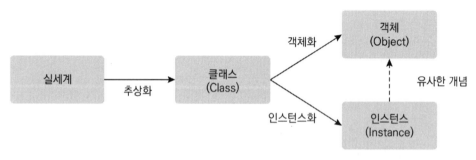

그림 10.1 | 클래스, 객체, 인스턴스 관계

프로그래밍 언어

기계어 → 어셈블리어 → 구조적인 프로그래밍 언어(PASCAL, C) → 절차적인 프로그래밍언어 (COBOL, FORTRAN) → 객체지향 프로그래밍언어(Java, Python)

---

(2) id 연산자

동일한 객체 여부를 판별하는 연산자이며, **id()** 함수는 객체를 입력값으로 받아서 객체의 고유 값을 반환하는 함수이다. id는 파이썬이 객체를 구별하기 위해서 부여하는 일련번호이고 숫자로서 의미는 없다. **id**는 동일한 객체 여부를 판별할 때 사용한다.

---

is : 양쪽 피연산자가 동일한 객체인지 검사.
is not : 양쪽 피연산가 다른 객체인지 검사.

```
# Identity Operators
a = 111
b = 222
c = 111
print(a, 'id =', id(a))
print(b, 'id =', id(b))
print(c, 'id =', id(c))
print('a and b are same object' if a is b else 'a and b are different object')
print('a and c are same object' if a is c else 'a and c are different object')
```

```
111 id = 140706340319056
222 id = 140706340322608
111 id = 140706340319056
a and b are different object
a and c are same object
```

(3) 얕은 복사와 깊은 복사

객체의 복사는 크게 얕은 복사(shallow copy)와 깊은 복사(deep copy)가 있다. 그림 10.2과 같이 얕은 복사는 원본 객체에 있는 값의 정확한 사본이 새로운 객체에 생성된다. 객체의 필드 중 하나가 다른 객체에 대한 참조인 경우에는 메모리 주소만 복사된다. 깊은 복사는 모든 필드를 복사하고, 동적으로 할당된 메모리의 복사본을 필드가 가리키는 것으로 만든다. 그래서 객체 수가 많을수록 메모리를 많이 점유하게 된다는 단점이 있다.

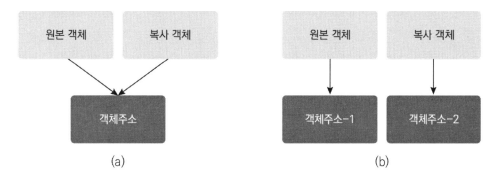

그림 10.2 | 객체 복사 (a) 얕은 복사 (b) 깊은 복사

얕은 복사는 복합객체만 복사, 그 내용은 동일한 객체이다. **copy.copy(x)**에 입력되는 변수 x의 얕은 복사를 반환한다.

```
import copy
a=[[1,2,3],[4,5,6],[7,8,9]]
b=copy.copy(a)
a[1].append(10)
a
```

[[1, 2, 3], [4, 5, 6, 10], [7, 8, 9]]

```
b
```

[[1, 2, 3], [4, 5, 6, 10], [7, 8, 9]]

불변형 자료형인 문자열을 변경했을 경우에는 재배정이 이루어지기 때문에 모두 변경되지 않는다.

```
a[1].append('abc')
a
```

[[1, 2, 3], [4, 5, 6, 10, 'abc'], [7, 8, 9]]

```
b
```

[[1, 2, 3], [4, 5, 6, 10, 'abc'], [7, 8, 9]]

깊은복사는 복합객체 복사와 그 내용도 재귀적으로 복사한다. **copy.deepcopy (x[,memo])** 입력되는 변수 x의 깊은 복사를 반환한다. 가변형 자료형을 변경했을 경우에는 얕은복사는 변경되고 깊은복사는 변경이 안 된다.

```
import copy
a=[[1,2,3],[4,5,6],[7,8,9]]
b=copy.deepcopy(a)
a[1].append(10)
a
```

[[1, 2, 3], [4, 5, 6, 10], [7, 8, 9]]

```
b
```

[[1, 2, 3], [4, 5, 6], [7, 8, 9]]

(4) 특별 메소드, DUNDER 메소드, 매직 메소드

클래스를 만들 때 항상 사용하는 __init__이나 __str__는 가장 대표적인 메소드이며, 동작이 마법과 같다 해서 매직 메소드(magic method), 파이썬에서는 문서에서는 특별 메소드(special method), 두 개의 언더스코어(_)가 붙이므로 DUNDER 메소드(Double UNDERscore method)라 한다.

파이썬은 객체 지향 언어이므로 모든 데이터들은 객체로 표현되거나 객체 사이의 관계로 표현된다. 미리 정의된 특별한 이름을 가진 메소드 들을 재정의 함으로써 파이썬 인터프리터가 데이터 객체를 만들거나, 표현하거나, 연산을 하는데 도움을 줄 수 있다. 참고자료는 docs.python.org/3/reference/datamodel.html#special-method-names에 있다.

10.2 클래스를 이용한 프로그램 만들기

클래스는 **class** 키워드 및 클래스 명을 입력하여 생성한다. 클래스는 프로그램이 실행되었을 때 생성되는 개념적인 객체가 어떤 멤버변수와 메소드를 가지는지 정의해 둔 것이다. 클래스 정의로부터 실제 객체를 생성한 것을 인스턴스라고 한다. 다음은 클래스 구조이다.

```
class 클래스 명:
    변수1
    변수2
    . . . . . . . . . . .
    def 메소드1(인수) :
        . . . . .메소드의 처리
    def 메소드2(인수) :
        . . . . . .메소드의 처리
    . . . . . . . . . . .
```

(1) **pass**만 가진 FourCal 클래스는 아무 변수나 함수도 포함하지 않지만 객체 obj1
을 만들 수 있는 기능은 가지고 있다. 객체 obj1이 FourCal 클래스의 객체임을 알 수
있다.

```
class FourCal:
    pass
obj1 = FourCal()
type(obj1)
```

```
__main__.FourCal
```

클래스 정의는 비워 둘 수 없지만, 오류 없이 내용이 없는 클래스 정의를 위해 pass 문을 사용한다.

(2) 클래스 안에 구현된 **setdata** 함수를 만들고 이는 **메소드**라고 한다. 메소드도 클래
스에 포함되어 있는 것 이외의 일반 함수와 같다. **setdata** 메소드는 매개변수로 self,
input1, input2 3개 입력 값을 받는다.

그림 10.3과 같이 **setdata** 메소드의 첫 번째 매개변수 **self**는 **setdata** 메소드를 호출한
객체 obj1가 자동으로 전달된다. 객체를 호출할 때 호출한 객체 자신이 전달되기 때문에
관례적으로 **self**를 사용한다. **obj1.setdata(4,5)**와 같이 **객체.메소드** 형태로 호출할 때는
self를 반드시 생략해서 호출해야 한다. 객체에 생성되는 객체만의 변수를 input1, input2

와 같은 객체변수(인스턴스 변수)라고 부른다. obj1 객체에 객체변수 input1와 input2가 생성된다. 클래스로 만든 객체의 객체변수는 다른 객체의 객체변수에 상관없이 독립적인 값을 유지한다.

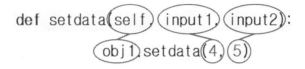

그림 10.3 | 메소드 setdata와 객체 obj1의 매개변수 관계

```
class FourCal: # define class
    def setdata(self, input1, input2): # method for parameter
        self.input1 = input1
        self.input2 = input2

obj1 = FourCal()
obj1.setdata(4, 5)
print(obj1.input1) # object(obj1) parameter:input1
print(obj1.input2) # object(obj1) parameter:input2
```

4
5

self 매개변수는 클래스의 현재 인스턴스에 대한 참조로, 클래스에 속하는 변수에 접근하는 데 사용된다. **self**라고 이름을 붙일 필요는 없고, 원하는 대로 부를 수 있지만, 그것은 클래스에서 어떤 함수의 첫 번째 매개변수가 되어야 한다.

(3) 두 개의 숫자를 더하는 기능을 클래스에 추가하기 위해 **add** 메소드를 만든다. **add** 메소드의 매개변수는 **self**이고 반환 값은 result이다.

```
class FourCal: # define class
    def setdata(self, input1, input2): # method for parameter
        self.input1 = input1
        self.input2 = input2

    def add(self): # method for addition
        result = self.input1 + self.input2
        return result

obj1 = FourCal()
obj1.setdata(4, 5)
obj1.add()
```

9

(4) FourCal 클래스의 인스턴스 obj1에 **setdata** 메소드를 수행하지 않고 add 메소드를 수행하면 오류가 발생한다. **setdata** 메소드를 수행해야 객체 obj1의 객체변수 input1와 input2가 생성되기 때문이다.

```
class FourCal: # define class
    def setdata(self, input1, input2): # method for parameter
        self.input1 = input1
        self.input2 = input2

    def add(self): # method for addition
        result = self.input1 + self.input2
        return result

obj1=FourCal(4, 5)
obj1.add()
```

```
TypeError                               Traceback (most recent call last)
<ipython-input-24-44476d36e610> in <module>
      8          return result
      9
---> 10 obj1=FourCal(4, 5)
     11 obj1.add()

TypeError: FourCal() takes no arguments
```

(5) 파이썬 메소드 이름으로 **＿＿init＿＿**를 사용하면 이 메소드는 클래스 초기자 (initializer)가 된다. 이렇게 객체에 초기 값을 설정해야 할 필요가 있을 때는 **setdata**와 같은 메소드를 호출하여 초기 값을 설정하기보다는 생성자를 구현하는 것이 안전한 방법이다. 생성자(constructor)란 객체가 생성될 때 자동으로 호출되는 메소드를 의미 한다.

```
class FourCal: # define class
    def __init__(self, input1, input2):
        self.input1 = input1
        self.input2 = input2
    def setdata(self, input1, input2): # method for parameter
        self.input1 = input1
        self.input2 = input2

    def add(self): # method for addition
        result = self.input1 + self.input2
        return result
obj1 = FourCal(4,5)
obj1.add()
```

9

＿＿init＿＿() 함수는 클래스가 새로운 객체를 만드는 데 사용될 때마다 자동으로 호출된다.

(6) 상속(Inheritance)이란 "물려받다"라는 뜻으로, 어떤 클래스를 만들 때 다른 클래스 의 기능을 물려받을 수 있게 만드는 것이다. 상속은 보통 기존 클래스를 변경하지 않고 기능을 추가하거나 기존 기능을 변경하려고 할 때 사용한다.

상속 개념을 사용하여 이미 만든 FourCal 클래스에 곱하기를 구할 수 있는 기능을 추 가해 보자. FourCal 클래스를 상속하는 NewFourCal 클래스는 다음과 같이 간단하게 만 들 수 있다.

```
class NewFourCal(FourCal):
     pass
obj2 = NewFourCal(4, 2)
obj2.add()
```

6

(7) 기존 클래스가 라이브러리 형태로 제공되거나 수정이 허용되지 않는 상황이라면 상속을 사용해야 하고 곱하기를 구할 수 있는 기능을 추가해 보자.

NewFourCal 클래스로 만든 obj2 객체에 값 4와 5를 설정한 후 mul 메소드를 호출하면 4 곱하기 5가 20으로 돌려주는 것을 확인할 수 있다. 상속은 NewFourCal 클래스처럼 기존 클래스(FourCal)는 그대로 놔둔 채 클래스의 기능을 확장시킬 때 주로 사용한다.

```
class NewFourCal(FourCal):
     def mul(self):
          result = self.input1 * self.input2
          return result
obj2 = NewFourCal(4, 5)
obj2.mul()
```

20

(8) 객체변수는 다른 객체들에 영향 받지 않고 독립적으로 그 값을 유지한다. 클래스 변수는 클래스로 만든 모든 객체에 공유된다. Car 클래스에 선언한 maker이 바로 클래스 변수이다. 클래스 변수 값을 변경했더니 클래스로 만든 객체의 maker 값도 모두 변경된다는 것을 확인할 수 있다. 즉 클래스 변수는 클래스로 만든 모든 객체에 공유된다는 특징이 있다.

```
class Car:
    maker='Ford' # class parameter
print(Car.maker)
Car.maker = 'Benz'
obj1=Car() # object1
obj2=Car() # object2
print(Car.maker)
print(obj1.maker)
print(obj2.maker)
```

```
Ford
Benz
Benz
Benz
```

(9) **id** 함수를 사용하면 클래스 변수가 공유된다는 사실을 알 수 있다. **id** 값이 모두 같으므로 Car.maker, obj1.maker, obj2.maker은 모두 같은 메모리를 가리키고 있다. 실제 프로그래밍을 할 때 클래스 변수보다는 객체변수를 많이 사용한다.

```
id(Car.maker)
```

2331437918832

```
id(obj1.maker)
```

2331437918832

```
id(obj2.maker)
```

2331437918832

(10) 객체의 속성을 변경할 수 있고 **obj1.maker='Sonata'**으로 obj1 객체의 maker라는 속성을 Sonata로 변경한 후 결과를 확인하였다.

```
obj1.maker='Sonata' # modify object properties
print(obj1.maker)
```

Sonata

객체의 속성을 지울 수 있고 **del obj1.maker**으로 obj1 객체의 maker라는 속성을 지운 후 결과를 확인하였다.

```
del obj1.maker # delete object properties
print(obj1.maker)
```

Benz

객체를 지울 수 있고 **del obj2**으로 obj2라는 객체를 지운 후 객체를 출력하면 객체가 없음으로 오류가 발생한다.

```
del obj2 # delete objects
print(obj2.maker)
```

```
NameError                          Traceback (most recent call last)
<ipython-input-34-bc8d8c77eb25> in <module>
      1 del obj2 # delete objects
----> 2 print(obj2.maker)

NameError: name 'obj2' is not defined
```

10.3 파이썬의 상속

상속은 다른 클래스로부터 모든 메소드(함수)와 속성을 물려받는 클래스로 정의한다. 그림 10.4와 같이 부모 클래스는 상속을 주는 클래스인 기본 클래스이고 자식 클래스는 다른 클래스에서 상속 받는 클래스인 파생 클래스이다. 모든 클래스는 상위 클래스가 될 수 있으므로 구문은 클래스를 만드는 것과 동일하다.

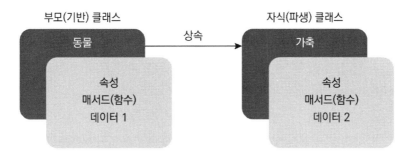

그림 10.4 | 부모 클래스와 자식 클래스 관계

모든 클래스는 내장함수인 **__init__() 함수**를 가지고 이는 클래스가 항상 초기화를 수행한다. **__init__()** 함수는 객체 속성, 객체를 발생할 때 필요한 연산을 값으로 배정한다. **self** 매개 변수는 클래스의 현재 인스턴스에 대한 참조로, 클래스에 속하는 변수에 접근하는 데 사용된다.

(1) Animal 이름의 클래스를 생성하고 kind와 hometown의 특성을 가진다. 그리고 객체 obj1을 생성한다.

```
class Animal: # create a parent class
    def __init__(self, kind, hometown):
        self.kind = kind
        self.hometown = hometown

obj1 = Animal("dog.", "Yeongju.") # create an object(obj1)
print("I like ", obj1.kind, "My hometown is", obj1.hometown)
```

I like dog. My hometown is Yeongju.

(2) 객체는 메소드를 포함할 수 있고 객체 안의 메소드는 객체에 속한 함수이다. Animal 클래스 안에 **funcName()**의 메소드를 발생하여 obj2 객체를 실행하였다. 꼭 **self** 라는 이름을 사용할 필요는 없다.

```
class Animal: # create a parent class
    def __init__(self, kind, hometown):
        self.kind = kind
        self.hometown = hometown

    def funcName(self):
    print("I like "+self.kind,"My hometown is "+self.hometown)

obj2 = Animal("dog.", "Yeongju.") # create an object(obj2)
obj2.funcName()    # execute the funcName method
```

I like dog. My hometown is Yeongju.

(3) 자식 클래스를 만든다. 부모 클래스로부터 기능을 상속받는 자식 클래스를 만들 때 부모 클래스의 매개변수로 전송받는다. 자식 클래스 Domesticani를 만들고 부모 클래스 Animal로부터 특성과 메소드를 상속받는다. 자식 클래스는 객체 obj3을 생성하고 메소드 **funcName()**를 실행한다. **pass** 키워드는 클래스에 다른 특성이나 메소드를 추가하지 않을 때 사용한다.

```
class Animal: # create a parent class
    def __init__(self, kind, hometown): #
        self.kind = kind  #
        self.hometown = hometown  #

    def funcName(self):
    print("I like "+self.kind,"My hometown is "+self.hometown) #
class Domesticani(Animal): # create a child class
    pass
# create an object using the Domesticani class
obj3 = Domesticani("dog.", "Yeongju.")
obj3.funcName()    # execute the funcName method
```

I like dog. My hometown is Yeongju.

(4) 자식 클래스인 Domesticani에 funcinf의 메소드를 추가한다. 자식의 __init__() 함수를 추가하면 부모의 __init__() 함수의 상속을 무시한다. 부모의 상속을 유지하려면 부모의 __init__() 함수 호출을 추가하던지 **super()** 함수를 사용하여 자식 클래스가 부모의 속성과 메소드 모두를 상속받도록 한다.

상위 클래스의 함수와 이름이 같은 방법을 하위 클래스에 추가하면 상위 메소드의 상속이 재 정의된다.

```python
class Animal: # create a parent class
    def __init__(self, kind, hometown):  #
        self.kind = kind  #
        self.hometown = hometown  #

    def funcName(self):
    print("I like "+self.kind,"My hometown is "+self.hometown) #

class Domesticani(Animal): # create a child class
    def __init__(self, kind, hometown, year):
        super().__init__(kind, hometown) # inherit from parent
        self.birthyear = year

    def funcInf(self): # add method
        print("I like", self.kind,"My hometown is", self.hometown,
            "Birth year is", self.birthyear)
obj4 = Domesticani("dog.", "Yeongju.", "2017.")
obj4.funcInf()
```

I like dog. My hometown is Yeongju. Birth year is 2017.

이공학을 위한 **파이썬 실습 보고서**

실험제목	실습 ( )		
학과/학년		학 번	확인
이 름		실 험 반	
실습일자		담당교수	

10.1 다음 프로그램에서 클래스, 객체, property를 설명하고 각 줄마다 주석을 붙이며 결과를 첨부하여라.

```
class ClassName: # Create a Class with two properties
    property1 = 'Hello!'
    property2 = 'Welcome to Class study.'
obj1 = ClassName() #Create Object(obj1)
print(obj1.property1)
print(obj1.property2)
```

10.2 다음 프로그램에서 클래스, 객체, 인스턴스, property를 설명하고 각 줄마다 주석을 붙이며 결과를 첨부하여라.

```python
class Animal: #
  def __init__(self, kind, gender): #
      self.kind = kind  #
      self.gender = gender  #

obj2 = Animal("dog", "male") #

print('The kind is', obj2.kind, '/The gender is', obj2.gender) #
```


10.3 다음 프로그램에서 클래스, 객체, 인스턴스, property를 설명하고 각 줄마다 주석을 붙이며 결과를 첨부하여라. 그리고 10.2의 프로그램의 차이점을 설명하여라.

```python
class Animal: #
    def __init__(self, kind, hometown): #
        self.kind = kind  #
        self.hometown = hometown  #

    def funcName(self):
    print("I like "+self.kind,"My hometown is"+self.hometown) #

obj3 = Animal("dog.", "Yeongju.")  #
obj3.funcName()   #
```

10.4 다음 프로그램에서 클래스, 객체, 인스턴스, property를 설명하고 각 줄마다 주석을 붙이며 결과를 첨부하여라. 그리고 10.3의 프로그램의 차이점을 설명하여라.

```python
class Animal: #
    def __init__(instanvar, kind, hometown): #
        instanvar.kind = kind  #
        instanvar.hometown = hometown  #

    def funcName(car):
    print("I like "+car.kind,"My hometown is"+car.hometown) #

obj4 = Animal("dog.", "Yeongju.")  #
obj4.funcName()   #
```

10.5 다음 프로그램에서 각 줄마다 주석을 붙이며 결과를 첨부한다. 그리고 결과에 대해 설명하여라.

```python
class Cname1:
    pass
class Cname2(Cname1):
    pass
class Cname3(Cname2):
    pass

obj5 = Cname3()
print(isinstance(obj5, Cname1))
print(isinstance(obj5, Cname2))
print(isinstance(obj5, Cname3))
```

10.6 본 실습에서 느낀 점을 기술하고 추가한 실습 내용을 첨부하여라.

PART 03

파이썬 라이브러리

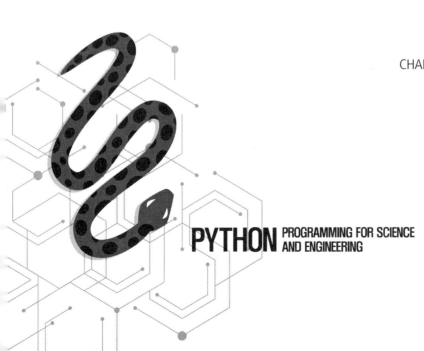

PYTHON PROGRAMMING FOR SCIENCE
AND ENGINEERING

11 matplotlib

11.1 matplotlib

Matlab과 비슷한 인터페이스의 2차원 그래프를 그리는 라이브러리인 matplotlib (MAThematics PLOTting LIBrary)은 파이썬에서 데이터를 차트나 플롯으로 그려주는 가장 많이 사용되는 데이터 시각화 패키지이다.

matplotlib는 파이썬 스크립트, 파이썬과 IPython 셸, Jupyter notebook, WAS(Web Application Server) 등에서 사용할 수 있다. matplotlib는 그림 11.1과 같이 선 플롯((line plot)), 막대 차트(bar chart), 히스토그램(histogram), 산점도(scatter plot), 누적 영역형 차트(stacked area graph), 파이차트(pie chart) 등을 비롯하여 다양한 차트와 플롯 스타일을 지원하며, matplotlib 웹페이지(matplotlib.org/gallery.html)에서 다양한 샘플 차트를 볼 수 있다.

아나콘다로 설치하면 따로 설치할 필요가 없지만 설치되지 않은 경우 **pip install matplotlib**이나 **conda install matplotlib**으로 설치한다. matplotlib를 구현하는 방식은 기능적으로 사용하는 방법과 객체지향 방식으로 구현하는 방법이 있다.

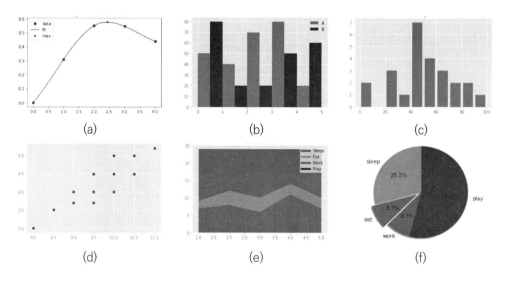

그림 11.1 | matplotlib 그림 종류 (a) 선 플롯 (b) 막대 차트 (c) 히스토그램 (d) 산점도 (e) 누적 영역형 그래프 (f) 파이 차트

(1) matplotlib 그림의 종류

01 선 플롯

plot()을 사용하여 텍스트 레이블을 가진 선 그림을 만드는 방법이다. 하나의 그림에서 여러 하위 그림을 그리는 **subplot()** 함수를 사용하여 여러 축(하위 그림)을 만든다.

02 막대 차트

bar() 기능을 사용하여 사용자 지정을 포함하는 막대 차트이다. 누적 막대(**bar_stacked.py**) 또는 수평 막대 차트(**barh.py**)를 만들 수도 있다. **plt.bar(x, hight, width, align='center')**에서 매개변수 **width**에 인수를 전달하여 막대의 두께를 조절할 수 있고, **align**의 인수는 **'center'**(기본값)과 **'edge'**이다. 그림 11.2와 같이 누적 막대 차트를 그리기 위해 어떤 자료 위에 새로운 자료를 쌓는 구조이다. 그러므로 **bar()** 함수의 매개변수 **bottom**을 사용하여 현재 그릴 막대의 아래가 무엇인지를 지정해야 한다.

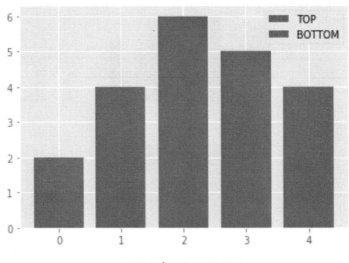

그림 11.2 | 누적 막대 차트

03 히스토그램

hist() 함수는 자동으로 히스토그램을 생성하고 빈 카운트 또는 확률을 반환한다 (plt.hist(X, bins=10)). 히스토그램은 통계적 요소를 나타내기 위해 확률분포의 그래픽적 인 표현이며 막대그래프의 종류이다.

04 산점도

scatter() 함수는 크기 및 색상 변수로 산점도를 만든다(plt.scatter(x, y)). 이 예는 구글 의 주가 변화를 나타낸 것으로, 마커 크기는 거래량과 색상이 시간에 따라 달라진다. 여 기서 알파 속성은 반투명 원 마커를 만드는 데 사용된다.

05 누적 영역형 차트

stackplot() 함수는 네 개의 리스트인 데이터를 입력한다. 두개 이상의 데이터 계열을 서로 누적하는 영역형 차트이다. 제품별로 매출에 기여하는 정도를 시계열로 나열하여 성과 분석하는 그래프이다.

06 파이 차트

pie() 함수는 1차원의 데이터를 인자로 전달하며 이 함수는 데이터의 상대적 면적을 자동으로 계산하여 그래프를 그린다. 데이터의 개수는 1부터 100개 까지 이다.

07 기타 그래프

이미지들을 위해 matplotlib은 **imshow()** 기능을 사용하여 영상을 표시할 수 있다. **pcolormesh()** 함수는 수평 치수의 간격이 균일하지 않더라도 2차원 배열을 색상으로 표현할 수 있고, **contour()** 함수는 동일한 데이터를 나타내는 방법이다. matplotlib은 이외 3차원 그림 등 다양한 차트와 그래프를 제공한다.

(2) 한글 폰트 설정

01 Matplotlib에서는 한글을 사용하기 위해 한글 폰트를 지정해줘야 한다. 먼저 **rc**(resource configuration) 환경설정을 위해 Windows/Fonts 폴더에서 한글폰트 한 개를 선택하고 이름을 기억한다. 여기서 새굴림 보통(**NGULIM.ttf**)을 선택한다.

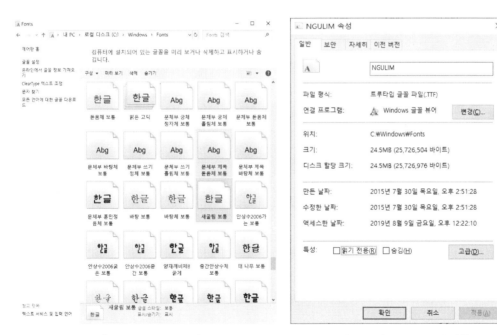

그림 11.3 | Fonts 폴더에서 한글폰트   그림 11.4 | NGULIM 속성창

02 Matplotlib를 사용하기 위해서는 먼저 **matplotlib.pyplot** 객체를 **plt**로 정의하고 불러온다. pyplot을 통상 **plt**라는 별칭을 사용한다. matplotlib에서 **font_manager**와 **rc**를 불러온다.

```
import matplotlib.pyplot
from matplotlib import rc, font_manager
```

03 먼저 사용할 폰트가 있는 경로를 지정한다. **font_manager**의 **FontProperties**에 폰트 경로를 전달하여 폰트 이름을 얻는다. **rc**를 통해 폰트를 설정한다.

```
font_path="c:/Windows/Fonts/NGULIM.ttf"
font_name = font_manager.FontProperties(fname=font_path).get_name()
matplotlib.rc('font',family=font_name)
```

04 y-축 데이터를 설정하고 실행하면 x-축은 입력, y-축은 출력이 한글로 표시되는 것을 확인할 수 있다.

```
y=(16,9,4,1,0,1,4,9,16)
plt.plot(y, 'b')
plt.title('파형')
plt.ylabel('출력')
plt.xlabel('입력')
plt.show()
```

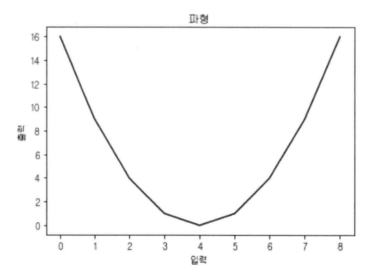

xlabel은 x-축 레이블을 추가하는 함수이고, ylabel은 y-축 레이블을 추가하는 함수이며, title은 제목을 추가하는 함수이다.

(3) 데이터 플롯

01 선 그래프

선 그래프는 시간의 흐름에 따른 관측 값의 변화, 추세를 시각화하는데 유용하다. 함수 **plt.plot()**은 그림을 만들고, 데이터는 데이터 포인트의 수평/수직 좌표를 보여주며, 마커와 라인 스타일은 각 점과 두 점 사이의 선 스타일을 명시한다.

```
plt.plot(data, color='green', marker='.', linestyle='--', linewidth=2,
markersize=12)
```

y의 데이터 [1,3,7,11,14,15]를 그래프로 그리면 x 데이터는 기본값으로 0부터 생성된다. **plt.plot()**은 선 그래프를 그리는 함수인데, x-축값 0,1,2,3,4,5와 y-축 값 1,3,7,11, 14,15을 가지고 선 그래프를 그린다. 실제 그림을 표시하는 함수인 plt.show()을 호출하고, plot 문은 기본값이 '선'이다.

```
import matplotlib.pyplot as plt
plt.plot([1,3,7,11,14,15 ])  # distance
plt.xlabel('time[min]')
plt.ylabel('distance[km]')
plt.show()
```

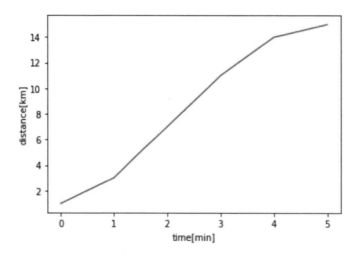

다음과 같이 x-축의 값 [1,2,3,4,5]과 y-축의 값 [120,200,160,350,110]을 지정하여 그 래프를 그린다. plot 라인의 기본 값은 b-이고 blue(b), line(-)의 의미이다.

```
plt.plot([1,2,3,4,5],[120,200,160,350,110])
plt.xlabel('input')
plt.ylabel('output')
plt.title('Experiment Result')
plt.show()
```

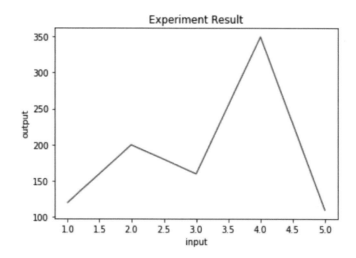

02 선 스타일 바꾸고 그래프 범위 지정한다.

색은 **r**(빨강), **b**(파랑), **g**(초록), **y**(노랑)이며 선 모양은 -(실선), --(점선)이고, 점 모양은 ^(세모), s(네모), o(동그라미) 등이다. 그래프 범위는 axis로 축 이름 지정은 **xlabel**, **ylabel**을 이용한다. 전체 색깔 목록은 웹사이트(matplotlib.org/examples/color/named_colors. html)를 참조하면 된다. 표 11.1은 그래프 특성자, 표 11.2는 색 종류, 표 11.3은 선 방식, 표 11.4는 표시자 종류를 나타낸다.

표 11.1 | 그래프 특성자

특성	값	의미	사용 예
alpha	실수	투명도	alpha=0.5
color	'b(blue)''r(red)''y(yellow)'	색	color='b'
label	문자영	라벨	label='x-axis'
linestyle	'-','--',':','-.'	선 모양	linestyle='-'
linewidth	실수	선두께	linewidth=2.5
xdata	np.array	x-데이터	xdata=np.arange(0,5,0.1)
ydata	np.array	y-데이터	ydata=np.arange(0,10,0.2)

표 11.2 | 색 종류

문자	색	문자	색	문자	색
b	blue/파란색	c	cyan/청록색	k	black/검정색
g	green/녹색	m	magenta/심홍색	w	white/흰색
r	red/빨간색	y	yellow/노란색		

표 11.3 | 선 방식

기호	설명	기호	설명
'-'	실선	'-.'	쇄선
'--'	파선	':'	점선

표 11.4 | 표시자 종류

기호	설명	기호	설명	기호	설명	기호	설명
'.'	점	'o'	원	'v'	역삼각형	'^'	삼각형
'<'	왼쪽 삼각형	'>'	오른쪽 삼각형	'1'	tri_down 표식	'2'	tri_up 표식
'3'	tri_left 표식	'4'	tri_right 표식	's'	사각형	'p'	오각형
'*'	별	'h'	6각형 1	'H'	6각형 2	'+'	더하기
'x'	x	'D'	다이아몬드	'd'	얇은 다이아몬드	'|'	수직선
'_'	수평선						

제목과 축 레이블을 넣기 위해 **plot**에 x-축, y-축 레이블이나 제목을 붙이기 위해서는 **plt.xlabel**(축이름), **plt.ylabel**(축이름), **plt.title**(제목), **plt.xlim**(범위), **plt.ylim**(범위) 등의 함수를 사용하면 된다. **plt.xlabel()** 및 **plt.ylabel()**은 축의 x축/y축 라벨을 설정하고 첫 번째 매개변수 라벨은 x축 또는 y축의 레이블을 기록하고, 글꼴은 라벨의 외관을 제어하는 딕셔너리이다.

```
plt.title('Title', loc='center', fontdict={'fontsize': 10})
    plt.xlabel('x-axis label', fontdict={'fontsize': 10})
    plt.ylabel('y-axis label', fontdict={'fontsize': 10})
```

```
plt.title("plot subject") # title
plt.plot([10, 20, 30, 40], [1, 4, 9, 16], 'rs--')
plt.xlabel("time") # x-axis label
plt.ylabel("amplitude") # y-axis label
plt.xlim(0, 50)
plt.ylim(0, 20)
plt.show()
```

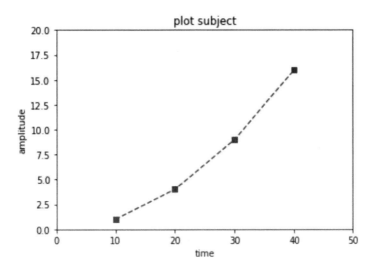

축 눈금
plt.xscale('값'), plt.yscale('값'), 값은 linear, log, logit 등

그래프에서 포인트의 크기(s)와 색상, 투명도(**alpha=**)를 지정하는 예제는 다음과 같다.

```python
import matplotlib.pyplot as plt

x = range(0, 4)
y = [v**2 for v in x]
s = [100, 20, 30, 40, 50]

plt.scatter(x = x, y = y, s = s, c = 'red', alpha=0.6)
plt.show()
```

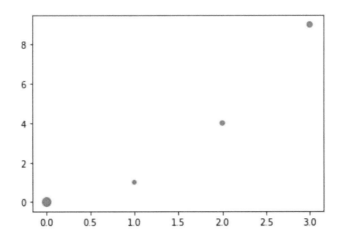

03 범례 추가

그래프 그리기에 여러 개의 선들을 추가하기 위해서는 **plt.plot()**을 **plt.show()** 이전에 여러 번 사용하면 된다. 또한, 각 선에 대한 범례를 추가하기 위해서는 **plt.legend([라인1 범례, 라인2범례])** 함수를 사용하여 각 선에 대한 범례를 순서대로 지정하면 된다.

여러 개의 선 그래프를 동시에 그리는 경우에는 각 선이 무슨 자료를 표시하는지를 보여주기 위해 **legend** 명령으로 범례를 추가할 수 있다. 범례의 위치는 자동으로 정해지지만 수동으로 설정하고 싶으면 **loc** 인수를 사용한다. 인수에는 문자열 혹은 숫자가 들어가며 가능한 코드는 다음과 같다.

loc 문자열/숫자: best/0, upper right/1, upper left/2, lower left/3, lower right/4, right/5, center left/6, center right/7, lower center/8, upper center/9, center/10

```python
from matplotlib import pyplot as plt

plt.plot([1,2,3,4], [1,4,9,10], 'rs--')
plt.plot([2,3,4,5],[5,6,7,9], 'b^-')
plt.xlabel('input')
plt.ylabel('output)')
plt.title('Experiment Result')
plt.legend(['Dog', 'Cat'], loc='lower right')
plt.show()
```

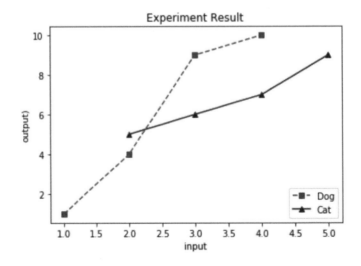

04 subplot()

여러 개의 그래프를 그릴 때 사용한다. 그래프가 그려질 위치를 행렬 형태로 지정하는데, **plt.subplot(n_row, n_col, pos)** 식으로 사용한다. **nrow, ncol**은 그래프를 그린 행렬의 크기를 지정하는데 2, 1면은 2개 행과 열 1칸으로 된 그래프 행렬을 설정한다. 그리고 마지막 **pos**는 몇 번째에 그래프를 그릴지 지정하는데, 표 11.5와 같이 상단에서부터 우측, 아래 방향으로 1,2,3,… 순서가 된다. 아래 코드는 2,1 크기의 행렬을 만들어놓고 그래프를 위, 아래로 두개를 그리는 예제이다.

표 11.5 | 그래프 행렬 순서 지정

1	2	3	4
5	6	7	8
9	10	11	12

```
import matplotlib.pyplot as plt

x = range(0, 100)
y1 = [v**2 for v in x]
y2 = [v**3 for v in x]

plt.subplot(2, 1, 1)
plt.ylabel('v^2')
plt.plot(x, y1)
plt.subplot(2, 1, 2)
plt.ylabel('v^3')
plt.plot(x, y2)

plt.show()
```

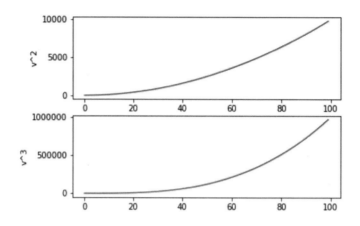

두 개 이상의 그래프를 동시에 그리거나 두 개 이상의 차트로 표현할 때 subplot 함수를 사용한다. subplot에는 매개변수가 세 개 필요하며, 몇 개의 행과 열로 구성하고 몇 번째 것인지 나타낸다.

05 그래프 크기

그래프를 크게 그리고 싶을 때 그래프 자체의 크기를 변경할 수 있는데, **plt.figure()**를 이용하여 **figsize=(인치 단위의 폭, 높이)**를 정수 한 쌍 인자로 주면 그래프가 그려질 전체 그림의 크기를 조절할 수 있다. 아래는 15x5 크기로 그래프를 그릴 크기를 지정하는 예제이다. **plt.grid()**는 눈금을 보여준다.

```
import matplotlib.pyplot as plt

x = range(0, 100)
y1 = [v**2 for v in x]
y2 = [v**3 for v in x]

plt.figure(figsize=(15,5))
plt.subplot(1, 2, 1)
plt.ylabel('v^2')
plt.plot(x, y1)
plt.subplot(1, 2, 2)
plt.ylabel('v^3')
plt.plot(x, y2)
plt.grid()

plt.show()
```

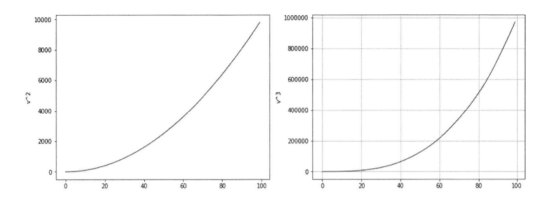

06 차트 및 그래프 종류

선 그래프 이외 Bar 차트를 그리기 위해 **plt.bar()** 함수를 사용하고, Pie 차트를 그리기 위해 **plt.pie()**를, 히스토그램을 그리기 위해 **plt.hist()** 함수를 사용한다.

```python
from matplotlib import pyplot as plt

x = range(0, 20)
y = [v**2 for v in x]

plt.bar(x, y, width=0.5, color="red")
plt.show()
```

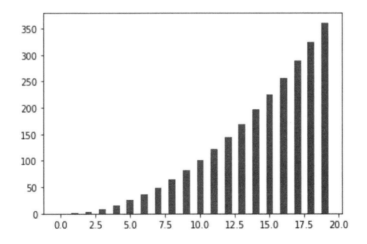

07 축 눈금 지정

plt.xticks() 및 **plt.yticks()**는 x축/y축의 현재 눈금 위치와 레이블을 가져오거나 설정한다. 첫 번째 매개변수 **locs**는 눈금을 배치해야 하는 위치의 리스트이며, 두 번째 매개변수 레이블은 선택 사항으로 지정된 위치에 배치할 명시적 레이블의 리스트이다.

```python
import matplotlib.pyplot as plt
import numpy as np

# tick locations and labels
plt.xticks(np.arange(6),
          ('xtick1', 'xtick2', 'xtick3',
           'xtick4', 'xtick5', 'xtick6'))
          ('ytick1', 'ytick2', 'ytick3',
plt.yticks([0,5,10,15,20,25],
           'ytick4', 'ytick5', 'ytick6'))
# ticks, tick labels, and gridlines
plt.tick_params(axis='x', labelsize=13, colors='b')
plt.tick_params(axis='y', labelsize=13, colors='r')

plt.grid()
plt.show()
```

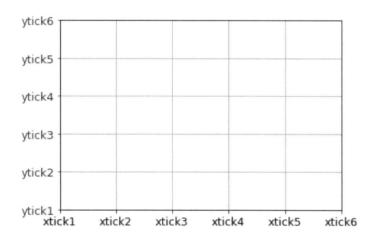

(4) 그림을 파일로 저장하고 불러 오기

표준 라이브러리 NumPy와 matplotlib 불러오고 matplotlib를 사용하기 위해서는 먼저 **matplotlib.pyplot**를 불러온다. 함수 $y = [\cos(2\pi x)]^2$를 그려보자.

```python
import matplotlib.pyplot as plt
import numpy as np

plt.figure(figsize=(10,2))
x = np.linspace(0, 1.0)
y = np.cos(np.pi*2*x)**2
plt.plot(x, y)
plt.show()
```

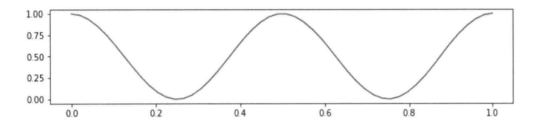

그림의 이해도를 높이기 위해 축 이름, 범례, 제목을 추가한다. LaTex 명령어인 **$...$는** 문자열을 의미하고, **\pi** , **\cos**와 같이 앞에 백슬래시, 위첨자는 ^를 사용한다.

```python
plt.figure(figsize=(10,2))
x = np.linspace(0, 1.0)
y = np.cos(np.pi*2*x)**2

plt.plot(x, y, marker='x', markersize=8, linestyle=':', linewidth=3,
         color='g', label='$\cos^2(\pi x)$')
plt.legend(loc='lower right')
plt.xlabel('input')
plt.ylabel('output')
plt.title('Experiment Result')
plt.show()
```

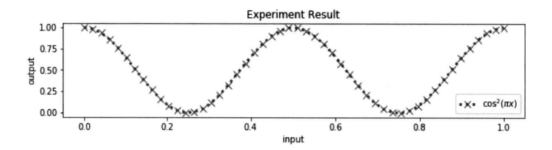

화면에 **print**하는 것 대신에 그림을 파일로 저장하기 위해 **show**대신 **savefig**를 사용한다.

```
plt.plot(x, y, marker='x', markersize=8, linestyle=':', linewidth=3,
         color='g', label='$\sin^2(\pi x)$')
plt.legend(loc='lower right')
plt.xlabel('input')
plt.ylabel('output')
plt.title('Experiment Result')

plt.savefig('func_plot.jpg')
```

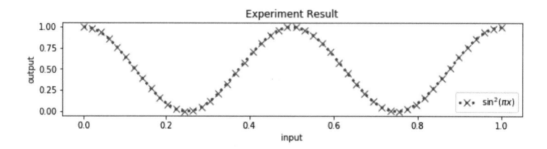

작업디렉토리에 파일이 저장된 것을 확인하고 그 파일을 열어본다. 파일의 확장자는 jpg, pnp, svg, pdf 등을 사용할 수 있다.

```
from IPython.display import Image
Image('func_plot.jpg')
```

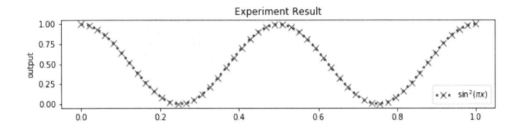

11.2 matplotlib을 이용한 도형 그리기

(1) 원과 사각형 그리기

plt.Circle()라는 이름의 객체를 만드는데 두 개의 인수가 필요하고 첫 번째 인수는 원의 중심 위치를 나타내고, 두 번째 인수는 원의 반지름을 나타낸다. **fc** 속성은 원의 바탕색을 나타내고 **ec** 속성은 원의 가장자리 색을 나타낸다.

plt.rectangle()라는 이름의 객체를 만들었는데, 세 개의 인수가 필요하며, 첫 번째 인수는 직사각형의 왼쪽 하단 모서리의 위치를 나타내며, 다음 두 인수는 직사각형의 폭과 높이를 나타낸다. **fc** 속성은 직사각형의 바탕색을 나타내기 위해 사용되고 **ec** 속성은 직사각형의 가장자리 색을 나타낸다. 직사각형의 높이와 폭을 똑같이 하면, 그것은 정사각형이 된다. 그림 11.5과 같이 원, 직사각형, 정사각형을 그리는 코드를 아래에 나타내었다.

plt.axes()는 새로운 전체 창의 축을 생성하며 지정된 치수 등으로 새 축 작성 시 **plt.axes((left, bottom, width, height), facecolor='w')**를 사용한다.

plt.gca()은 이전 그림이 없으면 새로 축을 생성하고, 있으면 현재 그림의 축을 이용하는 기능을 가진다. 그래서 여러 도형을 같은 그림에 그릴 경우 현재 도형의 축 인스턴스를 반환하는 **plt.gca()**의 개념을 사용한다. 그리고 생성된 원은 시각적으로 원형이 아니고 타원처럼 보이므로 **plt.axis('scaled')**을 사용하여 원래 모양으로 보이게 한다.

```
gca(Get Current Axis), gcf(Get Current Figure)
```

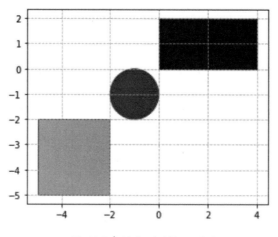

그림 11.5 | 원과 사각형 그리기

```python
import matplotlib.pyplot as plt
plt.axes()

circle = plt.Circle((-1,-1),1, fc='g',ec="red")
plt.gca().add_patch(circle)

rectangle = plt.Rectangle((0,0), 4, 2, fc='b',ec="red")
plt.gca().add_patch(rectangle)

rectangle = plt.Rectangle((-5,-5), 3, 3, fc='y',ec="red")
plt.gca().add_patch(rectangle)

plt.axis('scaled')
plt.grid(linestyle='--')
plt.show()
```

(2) plt.Circle()의 clip_on 속성

도형 새로 그리기 위해 축을 추가하고 Circle은 Artist의 하위 클래스이며, **axes**는 **add_artist** 메소드를 가지고 있다. 그림 11.6과 같이 첫 번째 원은 (-1, -1)에 있지만, 기본 값이 **clip_on=True**이므로 원은 축을 벗어나면 잘려진다. 세 번째 원-3은 Artist를 자르지 않고 축을 넘어 확장되어 보여준다.

```
import matplotlib.pyplot as plt

circle1 = plt.Circle((-1, -1), 0.8, color='g')
circle2 = plt.Circle((0, 0), 0.4, color='b')
circle3 = plt.Circle((1, 1), 0.2, color='r', clip_on=False)
# clipped circle(clip_on=True(default))

fig, ax = plt.subplots()  # fig = plt.gcf(), ax = fig.gca()

plt.xlim(-1, 1) # change x-range default
plt.ylim(-1, 1) # change y-range default

plt.grid(linestyle='--')
ax.set_aspect(1)

ax.add_artist(circle1)
ax.add_artist(circle2)
ax.add_artist(circle3)

plt.title('plot a circle with matplotlib', fontsize=10)
plt.show()
```

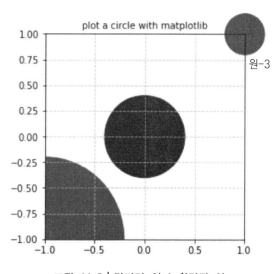

그림 11.6 | 잘려진 원과 확장된 원

matplotlib의 그림은 그림 11.7과 같이 여러 부분으로 나눌 수 있다. **Figure**는 하나 이상의 축(그림)을 포함할 수 있는 캔버스와 같은 전체 그림이고, **Axes**는 그림에는 여러 개의 **Axis**가 포함될 수 있다. 두 개 또는 세 개(3D의 경우) 축 객체로 구성되어 있다. 각 축은 제목, x-레이블, y-레이블로 구성되어 있다. **Axis**는 객체와 같은 선의 수이며 그래프 한계를 생성한다. Artist는 그래프에서 보는 텍스트 객체, 라인2D 객체, 모임 객체 같은 모든 것이고 대부분의 Artist들은 **Axes**에 얽매여 있다.

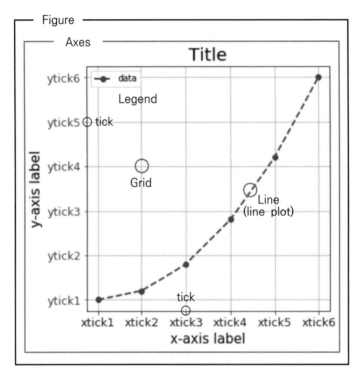

그림 11.7 | matplotlib의 그림의 구성 성분

데이터를 나타내는 선과 점부터 x-축의 보조 눈금 및 텍스트 레이블까지, 그림의 모든 구성요소는 Artist이다. Artist에는 보관소와 기초요소 두 종류가 있다. 그림 11.8과 같이 matplotlib의 계층 구조의 세 가지 구성요소는 **Figure**, **Axes**, **Axis**인 보관소와 하부 보관소인 기초요소(primitives)로 되어 있다.

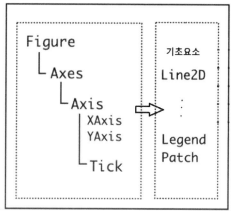

그림 11.8 | matplotlib의 계층 구조

11.3 객체 지향 방법으로 그림 그리기

(1) fig.add_axes함수

클래스를 초기화하는 것처럼 **fig=plt.figure()**는 빈 figure객체를 만들고 속성을 지정한
다. **fig.add_axes([x축 시작위치, y축 시작위치, 폭, 높이])** 그래프의 위치를 지정하는 함
수이며 0~1까지 값을 입력할 수 있으며 상대적인 위치를 결정한다. **figsize**는 그래프의
폭과 높이를 조절하고 인치가 단위로 사용된다.

```
import matplotlib.pyplot as plt
fig = plt.figure(figsize=(10, 2))
axis1 = fig.add_axes([0.1, 0.1, 0.8, 0.8])
plt.show()
```

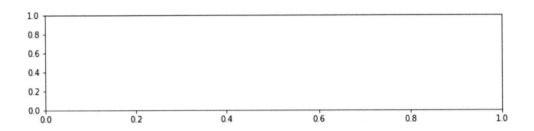

같은 방법으로 **axes2**를 추가한다. 1 미만 입력 값은 모두 상대적인 길이이며 여기서 0.2의 x축 시작위치에, 0.5의 y축 시작위치에, 0.4의 폭, 0.3의 높이로 표현한다.

```
fig = plt.figure(figsize=(10, 2))
axis1 = fig.add_axes([0.1, 0.1, 0.8, 0.8])
axis2 = fig.add_axes([0.2, 0.5, 0.4, 0.3])
```

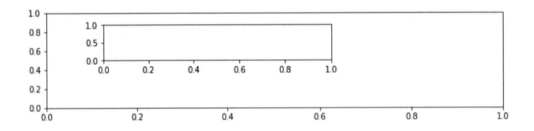

axes2의 x축 시작위치를 0.2에서 0.5로 y축 시작위치를 0.5에서 0.2로 변경하면 오른쪽 아래로 이미지가 움직인다.

```
fig = plt.figure(figsize=(10, 2))
axis1 = fig.add_axes([0.1, 0.1, 0.8, 0.8])
axis2 = fig.add_axes([0.5, 0.2, 0.4, 0.3])
```

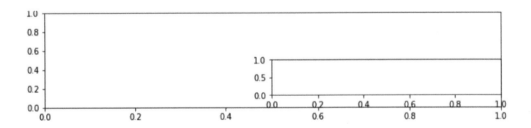

폭을 0.4에서 0.5, 높이를 0.3에서 0.2로 하면 폭은 커지고 높이는 줄어들었다.

```
fig = plt.figure(figsize=(10, 2))
axis1 = fig.add_axes([0.1, 0.1, 0.8, 0.8])
axis2 = fig.add_axes([0.2, 0.5, 0.5, 0.2])
```

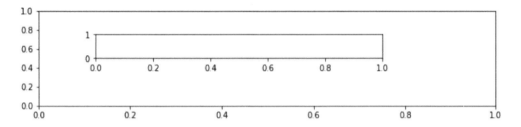

(2) 객체지향 방식 subplot

한 화면에 여러 개의 그래프를 그리려면 **figure** 함수를 통해 figure 객체를 먼저 만든 후 **add_subplot** 메소드를 통해 그리는 그래프 개수 만큼 subplot을 만든다. subplot의 개수는 **add_subplot** 메소드의 인자를 통해 조정할 수 있다. **(2, 3, subplot)**은 2x3 행렬의 subplot을 생성하고 세 번째 인자는 생성된 subplot 갯수 6개이다. **tight_layout**은 각 그래프들이 겹치지 않도록 해준다.

```
fig = plt.figure(figsize=(10, 4))
for subplot in range(1, 7):
        axis = fig.add_subplot(2, 3, subplot)

fig.tight_layout()
```

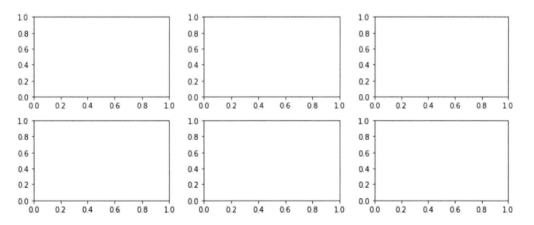

$y = \cos(2\pi t) + 1 [mV]$를 같은 크기의 6개의 subplot 2x3배열로 그리기 위해 **add_subplot(행의 수, 열의 수, <subplot_number>)**를 사용한다.

```
fig = plt.figure(figsize=(10, 3))
t = np.linspace(0.0, 1.0)
for subplot in range(1, 7):
        axis = fig.add_subplot(2, 3, subplot)
        axis.plot(t, np.cos(2*np.pi*t*subplot)+1)
        axis.set_xlabel('time[s]')
        axis.set_ylabel('voltage[mV]')
        axis.set_title('$\cos({} \pi t)$ +1'.format(subplot))
fig.tight_layout();
```

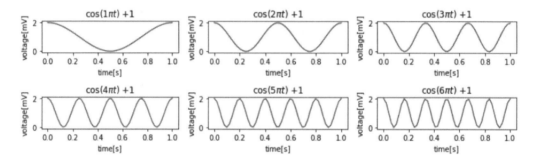

(3) 그래프 안에 그래프

두 개의 축을 정의하고 두 축에 데이터를 정의하는데 $y = \cos(2\pi x/180) + 1$이다. 그리고 원하는 영역의 파형을 보기 위해 axis2의 x와 y의 구간을 정의한다.

```
import matplotlib.pyplot as plt
import numpy as np

fig = plt.figure(figsize=(10, 2)) # control figure size
axis1 = fig.add_axes([0.1, 0.1, 0.8, 0.8]) # define two axes
axis2 = fig.add_axes([0.45, 0.6, 0.1, 0.2])

x = np.arange(0, 180,1)
y = np.cos(2*x*np.pi/180)+1

axis1.plot(x, y) # add data to the both axes
axis2.plot(x, y)
axis2.set_xbound(50, 70) #  set the range of the second axis
axis2.set_ybound(0.3, 0.7)
```

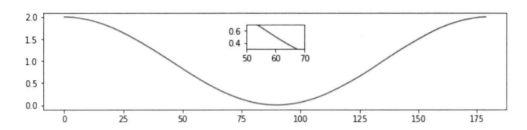

각 축은 추가적인 객체들을 추가할 수 있다. axis2의 x-축 눈금을 log로 지정하고 x축 과 y축의 레이블을 정의한다.

```
axis2.set_xscale('log') # define x-scale for axis2
axis1.set_xlabel('angle[degree]', fontsize=15)# define x-label for axis1
axis1.set_ylabel('signal[V]', fontsize=15)# define y-label for axis1
fig
```

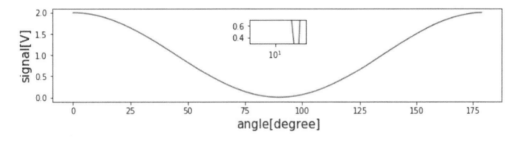

좌표에 표시지점을 몇 개를 하고 어떤 레이블로 표현할 지를 조절하기 위해 **set_xticks()** 를 사용한다.

```
axis1.set_xticks([0, 45, 90,135,180]) # define x-ticks for axis1
# define x-ticks label for axis1
axis1.set_xticklabels(['0','45', '90','135', '180'])
fig
```

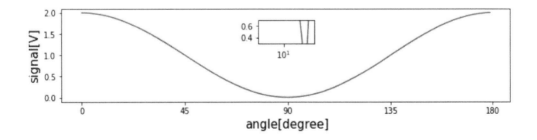

(4) 3차원 그림

3차원을 그리기 위해 **mpl_toolkits.mplot3d**의 Axes3D import 하고, **from 라이브러리명 import 함수명** 형태로 함수명만으로 함수를 호출한다. 3차원 플롯은 Axes3D라는 3차원 전용 axes를 생성하여 입체적으로 표시한다. 3차원 축 인스턴스를 만드는 유용한 방법은 **add_axes** 또는 **add_subplot** 함수에 **projection='3d'** 키워드 인수를 사용하는 것이다.

```
import matplotlib.pyplot as plt
from mpl_toolkits.mplot3d.axes3d import Axes3D

fig = plt.figure(figsize=(10, 5))
axis = fig.add_axes([0.1, 0.1, 0.8, 0.8], projection='3d')
```

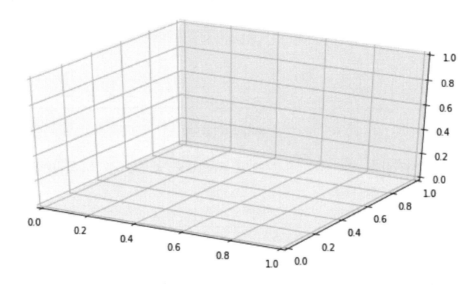

매개변수 나선형을 그려본다. x-y평면으로부터 원점에서 거리는 $\sin x^2 + \cos^2 = 1$으로 항상 일정하고 z-축으로 증가하는 모양이다.

```
import numpy as np
t = np.linspace(0.0, 5.0, 500)
x = np.cos(np.pi*t)
y = np.sin(np.pi*t)
z = 2*t

axis.plot(x, y, z)
axis.set_xlabel('x-axis')
axis.set_ylabel('y-axis')
axis.set_zlabel('z-axis')
fig
```

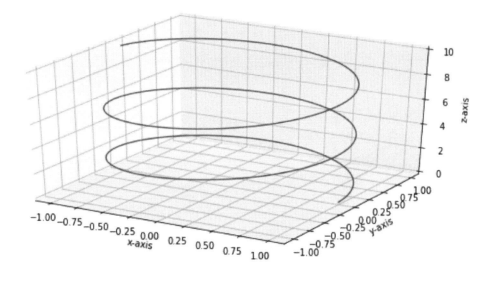

　표면은 x와 y로 나타내는 2차원 배열이고 높이를 추가한다. 2차원은 정규격자 **meshgrid** 함수를 사용하며 x 값의 배열과 y 값의 배열로 사각형 격자로 만든다. x와 y의 범위는 '0'과 1 사이에서 $z(x,y) = x^2 - y^2$의 그림이다. **view_init**를 이용해 그래프 바라보는 고도(elevation)와 각도(azim)를 정해 주고, **dist**로 거리를 지정한다.

```
import matplotlib.pyplot as plt
from mpl_toolkits.mplot3d.axes3d import Axes3D
fig = plt.figure(figsize=(10, 5))
axis = fig.add_axes([0.1, 0.1, 0.8, 0.8], projection='3d')
x = np.linspace(0.0, 1.0) # x, y are vectors
y = np.linspace(0.0, 1.0)
X, Y = np.meshgrid(x, y)  # X, Y are 2d arrays
Z = X**2 -Y**2 # points in the z axis
axis.plot_surface(X, Y, Z) # data values (2D Arryas)
axis.set_xlabel('x-axis')
axis.set_ylabel('y-axis')
axis.set_zlabel('z-axis')
axis.view_init(elev=30,azim=70)  # elevation & angle
axis.dist=10  # distance from the plot

plt.show()
```

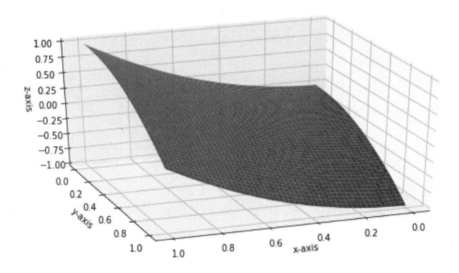

plot_surface를 호출하여 **rstride**(행의 간격), **cstride**(열의 간격), **wireframe line width, color map** 등을 지정해 줄 수 있다. 3-D 그래프 옆에 색의 값을 매긴 color bar를 하나 추가해준다.

```
from matplotlib import cm
fig = plt.figure(figsize=(10, 5))
axis = fig.add_axes([0.1, 0.1, 0.8, 0.8], projection='3d')
p = axis.plot_surface(X, Y, Z, rstride=1, cstride=2, cmap=cm.coolwarm,
                      linewidth=1)

axis.set_xlabel('x-axis')
axis.set_ylabel('y-axis')
axis.set_zlabel('z-axis')
axis.view_init(elev=30,azim=70) # elevation & angle
fig.colorbar(p, shrink=0.5);
```

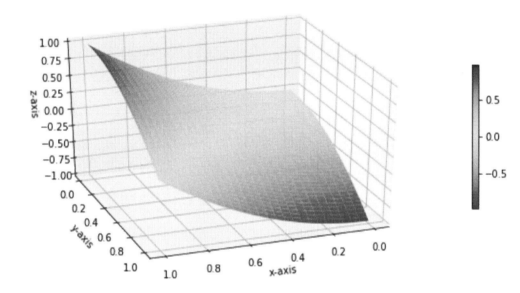

이공학을 위한 **파이썬 실습 보고서**

실험제목	실습 ( )		
학과/학년		학 번	확인
이 름		실 험 반	
실습일자		담당교수	

11.1 matplotlib를 이용하여 그래프를 그리는 스타일을 지정하고 범례를 표현하는 코드이
다. 각 줄마다 주석을 붙이고 결과를 첨부한다.

```python
import matplotlib.pyplot as plt #

x = range(-5, 5) #
y = [v**3 for v in x] #

plt.plot(x, y,
    linewidth=2, color='green', linestyle=':',
    marker='*', markersize=10, markerfacecolor='yellow',
    markeredgecolor='red', label='y=x^2') #

plt.title('Experiment Result')#
plt.xlabel('input') #
plt.ylabel('ouput') #
plt.legend() #
plt.show() #
```

11.2 matplotlib를 이용하여 그래프를 그리는 코드에서 각 줄마다 주석을 붙이고 결과를 첨부한다.

```
import matplotlib.pyplot as plt #

y = [5, 3, 7, 10, 9, 3.5, 8] #
x = range(len(y)) #

plt.bar(x, y, width=0.7, color='blue') #

plt.xlabel('x-axis') #
plt.ylabel('y-axis') #
plt.title('Drawing graph') #
plt.show() #
```

11.3 plot.quiver 이용한 축적된 화살표를 그리는 코드를 작성하고 각 줄마다 주석을 붙이고 결과를 첨부한다.

```
import matplotlib.pyplot as plt
plt.xlim(0, 10)
plt.ylim(0, 10)

x_direction = [4, 3, 5, 6]
y_direction = [1, 8, 4, 7]

plt.quiver(0, 0, x_direction, y_direction, angles="xy",scale_units="xy",
          scale=1)

plt.show()
```

11.4 Circle은 Artist의 하위 클래스이고 axes는 **add_artist** 메소드를 가진다. 다음은 원을 그리는 프로그램이다. 각 줄마다 주석을 붙이고 결과를 첨부한다.

```python
import matplotlib.pyplot as plt #

circle1 = plt.Circle((-0.5, -0.5), 0.1, color='g') #
circle2 = plt.Circle((0, 0), 0.2, color='b') #
circle3 = plt.Circle((0.5, 0.5), 0.3, color='r') #

fig, ax = plt.subplots()  #

plt.xlim(-1, 1) #
plt.ylim(-1, 1) #
plt.grid(linestyle='--') #

ax.set_aspect(1) #

ax.plot((0.25), (0.25), 'o', color='black')  #

ax.add_artist(circle1) #
ax.add_artist(circle2) #
ax.add_artist(circle3) #

fig.savefig('plotcircles.png') #
```

11.5 객체지향방식으로 $z = \sin 2\pi x \cos 2\pi xy$ 3차원 그래프를 그리는 코드를 작성하고 각 줄마다 주석을 붙이고 결과를 첨부한다.

11.6 본 실습에서 느낀 점을 기술하고 추가한 실습 내용을 첨부하여라.

12 NumPy

12.1 NumPy란

NumPy(NUMeric Python, 넘파이)는 보편적인 텐서 연산에서 사실상 표준 API 역할을 한다. 벡터, 행렬 연산을 사용하기 위해 만들어진 과학 계산용 패키지이다.

x-축과 y-축을 일일이 배열로 선언하지 않고 NumPy를 이용해 배열을 만들어 준다. NumPy는 파이썬의 행렬 등 수학적인 표현 문제를 많이 해결해준다. 파이썬 리스트보다 ndarray(n-dimensional array)를 사용하면 전체배열을 C 언어로 연산하기 때문에 빠르다. 그래서 NumPy 라이브러리는 배열연산을 최적화하여 빠르게 처리한다.

NumPy에는 강력한 N-차원 배열, 복잡한 브로캐스팅 함수, C/C++ 및 Fortran 코드 통합을 위한 도구, 유용한 선형대수, 푸리에 변환 및 난수 기능, 다양한 데이터베이스와 원활하고 신속하게 통합 등의 여러 가지 기능이 포함되어 있다.

---

ndarray

n-차원 배열을 저장하기 위한 NumPy의 기본 요소 중 하나이다. 파이썬 실행환경에서 숫자 데이터의 빠른 처리를 위해 필수적인 요소이다.

ndarray는 일반적으로 고정된 크기의 다차원 보관소로, 동일한 유형과 크기의 품목이다. 배열의 수와 항목의 수(items)는 배열의 shape에 의해 정의되며, 이것은 각 치수의 크기를 지정하는 양의 정수 n의 튜플이다. 배열의 항목 유형은 별도의 데이터 유형 객체(dtype)에 의해 지정되며, 그 중 하나는 각 ndarray와 연관된다.

NumPy 상수
e, pi, inf, PZERO, NZERO, nan(Not a Number), euler_gamma

배열(array)은 수를 포함한 어떤 데이터의 묶음을 의미한다. 그림 12.1과 같이 1차원으로 묶은 수를 수학에서 벡터(vector)라 부르며 행만 구성된 것을 행 벡터, 열만으로 구성된 것을 열벡터라 부른다. 2차원으로 묶은 수를 수학에서 행렬(matrix)이라 부른다. 3차원 이상은 텐서 혹은 배열을 이용하여 부른다.

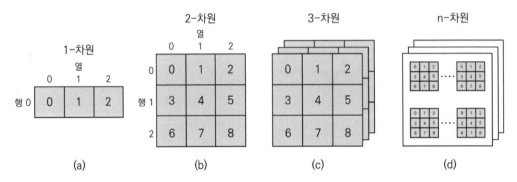

그림 12.1 | 차원의 종류 (a) 벡터 (b) 행렬 (c) 3차원 배열 (d) n-차원 배열

12.2 NumPy 배열

NumPy을 통해 생성되는 N-차원의 배열, 빠르고 유연한 자료구조, 생성 방법은 **np.array(리스트)**이다. **array()** 안에 하나의 리스트만 들어가므로 리스트의 리스트를 넣어야 한다.

그림 12.2는 배열을 차원에 따라 어떤 모양을 하고 있는지 그리고 축은 어떻게 구성되었는지 나타낸다. 3차원인 경우 shape(깊이-방향, 행-방향, 열-방향)이다.

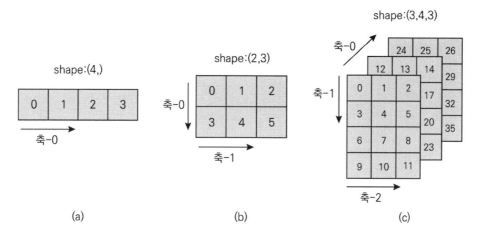

그림 12.2 | 배열 차원 및 크기 (a) 1차원 (b) 2차원 (c) 3차원

다음은 성분 세 개로 구성된 리스트를 리스트로 묶은 배열을 만들었다.

```
import numpy as np
data = [[1,2,3],[4,5,6],[7,8,9]]
a=np.array(data)
a
```

```
array([[1, 2, 3],
       [4, 5, 6],
       [7, 8, 9]])
```

NumPy 배열을 생성하는데, 배열 a는 3x3 배열로서 shape는 (3, 3)이 되는데, 튜플에 하나의 요소만 있으면 문법상 콤마를 뒤에 붙인다. a[1,1]은 두 번째 행과 두 번째 열이므로 성분이 5이다.

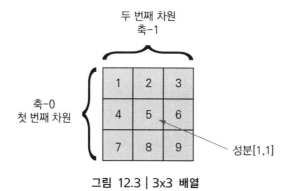

그림 12.3 | 3x3 배열

```
print(a.shape)
print(a[1,1])
```

```
(3, 3)
5
```

2x3 배열을 축-0 방향, 축-1 방향 덧셈을 수행하는 과정은 그림 12.4와 같다.

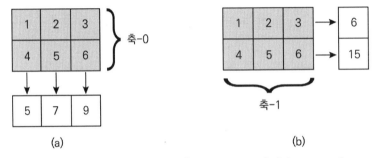

(a)   (b)

그림 12.4 | NumPy sum 연산 (a) np.sum(array, axis=0) (b) np.sum(array, axis=1)

그림 12.5는 차원이 3개인 배열의 성분의 구성도를 나타내고 있다.

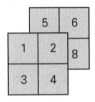

그림 12.5 | (2,2,2) 차원의 배열

(3,2,3) 배열이 주어질 때 축 방향에 따른 합 연산을 알아보자.

```
array = np.array([[[1, 0, 1],
                   [0, 0, 1]],
                  [[1, 1, 1],
                   [1, 0, 1]],
                  [[1, 0, 1],
                   [0, 1, 1]]])
array.shape
```

```
(3, 2, 3)
```

(3,2,3) 차원 배열을 축-0인 깊이-방향으로 합을 구하면 (2,3) 차원이 된다. (3,2,3) 차원 배열을 축-1인 행-방향으로 합을 구하면 (3,3) 차원이 된다.

```
array.sum(axis = 0)
```
```
array([[3, 1, 3],
       [1, 1, 3]])
```

```
array.sum(axis = 0).shape
```
```
(2, 3)
```

```
array.sum(axis=1)
```
```
array([[1, 0, 2],
       [2, 1, 2],
       [1, 1, 2]])
```

```
array.sum(axis=1).shape
```
```
(3, 3)
```

```
array.sum(axis=2)
```
```
array([[2, 1],
       [3, 2],
       [2, 2]])
```

```
array.sum(axis=2).shape
```
```
(3, 2)
```

(3,2,3) 차원 배열을 축-2인 열-방향으로 합을 구하면 (3,2) 차원이 된다.

(1) numpy.arange

간격 크기만큼 일정하게 떨어져 있는 숫자들을 배열 형태로 반환해 주는 함수다. 끝 매개변수의 값은 반드시 전달되어야 하지만 시작과 간격은 꼭 전달되지 않아도 된다.

시작 값이 전달되지 않았다면 '0'을 기본값으로 가지며, 간격 값이 전달되지 않았다면 '1' 값을 기본값으로 갖게 된다. **dtype**은 결과로 반환되는 배열의 형태을 지정할 때 사용한다. **dtype** 값이 주어지지 않는 경우 전달된 다른 매개변수로부터 형태를 추론한다.

---

numpy.arange([시작,]끝, [간격,] dtype=None) 간격의 기본 값=1

```
np.arange(5)
```
```
array([0, 1, 2, 3, 4])
```

```
np.arange(5.0)
```
```
array([0., 1., 2., 3., 4.])
```

```
np.arange(2,8)
```
```
array([3, 4, 5, 6, 7])
```

```
np.arange(2,10,2)
```
```
array([2, 4, 6, 8])
```

(2) reshape 함수

---

numpy.reshape(a, newshape, order='C') a:배열, newshape:정수, 정수의 튜플

기존 데이터는 유지하고 차원과 형상을 바꾸는 함수이다. 파라미터로 입력한 차원에 맞게 변경한다. -1로 설정하면 나머지를 자동으로 맞춘다. (100,)에서 (2, 50)으로 변환 가능하고 (100,)에서 (2, -1)인 경우 1차원은 2로 지정하고 2차원은 자동이므로 50이 된다. 그림 12.6은 reshape을 이용한 구성을 나타낸다.

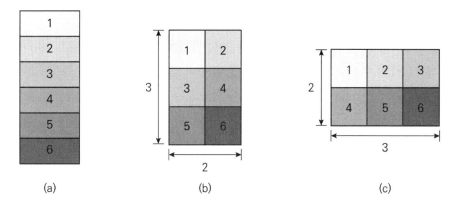

그림 12.6 | reshape 구성 (a) array (b) **array.reshape(3,2)** (c) **array.reshape(2,3)**

바꾸는 개수가 나눠져야 한다. (100,)에서 (3, -1)으로 변환 시 나누면 1이 남아 오류가 발생한다. 여러 번 차원을 변경해도 차수만 같게 해준다면 같다. **order** 파라미터는 지정된 지표 순서에 따라 형상을 변환한다.

```
import numpy as np
X=np.linspace(1.0, 100.0, num=100)
X.shape
```
```
(100,)
```

```
X_4_25=np.reshape(X,(4, 25), order='C')
X_4_25.shape
```
```
(4, 25)
```

```
X_4_5_5=X_4_25.reshape(4,5,5, order='C')
X_4_5_5.shape
```
```
(4, 5, 5)
```

```
X_new=X.reshape(4,-1, order='C')
X_new.shape
```
```
(4, 25)
```

(3) 축, 차원, 랭크

선형대수와 수학에서 배열의 축, 차원, rank의 의미가 다르다. 그림 12.7과 같이 NumPy에서 2차원 배열에서 축-0은 행을 따라 수직 방향(row-wise)을 가리키고 축-1은 열을 따라 수평 방향(column-wise)을 가리킨다. Rank는 차원의 수(ndim)이며 축의 개수로 정의한다.

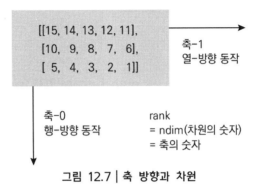

그림 12.7 | 축 방향과 차원

다음 예제에서 **arange.reshape**를 이용하여 3x5배열을 만들었고 축의 숫자가 2이므로 rank와 차원은 2이다. 그리고 축 방향에 따른 합을 구해보았다.

```
array= np.arange(15, 0, -1).reshape(3, 5)
print(array)
array.shape
```

```
[[15 14 13 12 11]
 [10  9  8  7  6]
 [ 5  4  3  2  1]]
Out[1]: (3, 5)
```

```
array.ndim # rank or number of axes
```

```
2
```

```
array.sum(axis=0)  # Sum over axis-0 (row-wise operation)
```

```
array([30, 27, 24, 21, 18])
```

```
array.sum(axis=1)  # Sum over axis-1 (column-wise operation)
```

```
array([65, 40, 15])
```

(4) 인덱싱과 슬라이싱

위치를 가리키는 인덱싱(indexing)과 자른다는 슬라이싱(slicing)은 NumPy 배열에서 성분의 일부분, 부분집합을 선택하는 방법이다. 1차원 배열, 2차원 배열, 3차원 배열의 인덱싱 하는 방법을 소개한다.

01 1차원 배열 인덱싱과 슬라이싱

arange(10)을 이용하여 성분 열 개인 1차원 배열을 만든 후 5번째 성분을 인덱싱 하고 **[0:5]**은 0번째에서 4번째 성분을 슬라이싱 한다.

```python
import numpy as np
# Indexing and Slicing 1D array
array1 = np.arange(10) # subset of 1D array
print(array1)
```

```
[0 1 2 3 4 5 6 7 8 9]
```

```python
print(array1[5]) # indexing for 5th element
```

```
5
```

```python
print(array1[0:5]) # indexing for 0th element between 4th element
```

```
[0 1 2 3 4]
```

02 2차원 배열 인덱싱과 슬라이싱

연속된 위치 값의 경우 콜론 ':' 를 사용하고 행과 열의 구분은 콤마 ',' 를 사용한다. 대괄호 두개 '[ ][ ]'는 첫 번 째 대괄호 '[ ]'에서 인덱싱을 먼저 하고 나서, 그 결과를 가져다가 두번째 대괄호 '[ ]'에서 한 번 더 인덱싱을 하게 된다.

arange(20).reshape(4, 5)는 성분 20개를 이용하여 4x5 배열을 만들어 출력해 본다.

```
# Indexing and Slicing 2D array
array2=np.arange(20).reshape(4, 5) # subset of 2D array
print(array2)
```

```
[[ 0  1  2  3  4]
 [ 5  6  7  8  9]
 [10 11 12 13 14]
 [15 16 17 18 19]]
```

```
print(array2[1])# indexing a row of 2D array
```

```
[5 6 7 8 9]
```

```
print(array2[1:3])# indexing mutiple rows of 2D array
```

```
[[ 5  6  7  8  9]
 [10 11 12 13 14]]
```

```
print(array2[0, 4]) # indexing an element of 2D array
```

```
4
```

```
print(array2[0:3, 1:3])
```

```
[[ 1  2]
 [ 6  7]
 [11 12]]
```

array2[1]은 행-방향 1-번째 배열을 선택하면 1차원 배열이 된다. **array3[1:3]**은 1-번째 행에서 2-번째 행까지 출력된다. **array3[0, 4]**은 행-방향 0-번째, 열-방향 4-번째까지 슬라이싱을 한 배열을 나타낸다. **array3[0:3, 1:3]**은 행-방향으로 0-번째에서 2-번째까지 열-방향으로 1-번째에서 2-번째까지 슬라이싱을 한 배열을 나타낸다.

```
print(array2[1])# indexing a row of 2D array
```

```
[5 6 7 8 9]
```

```
print(array2[1:3])# indexing mutiple rows of 2D array
```

```
[[ 5  6  7  8  9]
 [10 11 12 13 14]]
```

```
print(array2[0, 4]) # indexing an element of 2D array
```

```
4
```

```
print(array2[0:3, 1:3])
```

```
[[ 1  2]
 [ 6  7]
 [11 12]]
```

03 3차원 배열 인덱싱과 슬라이싱

arange(24).reshape(2,3,4)는 성분 24개를 이용하여 2x3x4 배열을 만들어 출력해 본다.

```
# Indexing and Slicing 3D array
array3=np.arange(24).reshape(2, 3, 4) # subset of 3D array
print(array3)
```

```
[[[ 0  1  2  3]
  [ 4  5  6  7]
  [ 8  9 10 11]]

 [[12 13 14 15]
  [16 17 18 19]
  [20 21 22 23]]]
```

array3[1]은 깊이-방향 1-번째 배열을 선택하면 3x4 배열이 된다. **array3[1, 0]** 깊이-방향 1-번째 배열에서 0-번째 행이 출력된다. **array3[1, 1, 0:3]** 깊이-방향 1-번째, 행-방향 1-번째, 열-방향 0번째에서 2번째까지 슬라이싱을 한 배열을 나타낸다. 배열 콜론(:)을 사용해서 행과 축을 전부 슬라이싱 할 수 있다. 즉 **array3[1, :, 0:3]**은 깊이-방향 1-번째, 행-방향 모든 성분, 열-방향 0번째에서 2번째까지 슬라이싱을 한 배열을 나타낸다.

```
print(array3[1]) # indexing the 2nd array with shape(3, 4)
```
```
[[12 13 14 15]
 [16 17 18 19]
 [20 21 22 23]]
```

```
print(array3[1, 0]) # indexing the first row of the 2nd array
```
```
[12 13 14 15]
```

```
print(array3[1, 1, 0:3]) #indexing the '0, 1, 2' elements
# from the 2nd row of the first array with shape(3, 4)
```
```
[16 17 18]
```

```
print(array3[1, :, 1:3]) # indexing the entire axis with colon
```
```
[[13 14]
 [17 18]
 [21 22]]
```

(5) 배열 병합

두 배열을 합치는 병합을 위해 차원이 (2,2)인 배열 **a**와 **b**가 아래와 같이 주어졌을 때 여러 종류의 병합 함수를 알아보자.

```
import numpy as np

a = np.array([[1, 2], [3, 4]])
b = np.array([[5, 6], [7, 8]])
```

01 numpy.hstack과 numpy.vstack

numpy.hstack([배열-1, 배열-2])를 이용하여 배열-1 우측에 배열-2를 이어 붙일 수 있으며(horizontally 혹은 열-방향)), **numpy.vstack([배열-1, 배열-2])**를 이용하여 배열-1 하단에 배열-2를 이어 붙일 수(vertically 혹은 행-방향) 있다.

```
print(np.hstack([a, b]))
np.hstack([a, b]).shape

[[1 2 5 6]
 [3 4 7 8]]
Out[1]: (2, 4)
```

```
print(np.vstack([a, b]))
np.vstack([a, b]).shape

[[1 2]
 [3 4]
 [5 6]
 [7 8]]
Out[2]: (4, 2)
```

02 numpy.stack

numpy.stack([배열-1, 배열-2, axis=축])를 이용하여 지정한 축으로 배열-1과 배열-2를 이어 붙일 수 있다. 축은 이어 붙일 차원의 범위를 넘어갈 수 없다.

```
print(np.stack([a, b], axis=0))
np.stack([a, b], axis=0).shape

[[[1 2]
  [3 4]]

 [[5 6]
  [7 8]]]
Out[3]: (2, 2, 2)
```

```
print(np.stack([a, b], axis=1))
np.stack([a, b], axis=1).shape
```

```
[[[1 2]
  [5 6]]

 [[3 4]
  [7 8]]]
Out[4]: (2, 2, 2)
```

03 numpy.dstack

numpy.dstack([배열1, 배열2])를 이용하여 새로운 축(depth wise 혹은 제3-축 방향)으로 배열-1과 배열-2를 이어 붙일 수 있다. **numpy.stack([a, b], axis=2)**과 동일한 결과를 반환한다.

```
print(np.dstack([a, b]))
np.dstack([a, b]).shape
```

```
[[[1 5]
  [2 6]]

 [[3 7]
  [4 8]]]
Out[5]: (2, 2, 2)
```

(6) numpy.linspace

주어진 범위에서 균등한 간격을 두고 숫자를 반환하며, [**시작, 끝**]은 시작과 끝 사이 간격에 따라 계산된 균일 간격의 수를 반환한다. **endpoint=False**이면 끝점을 포함하지 않고 반환하며 기본값은 **True**이다. **retstep=True**이면 (**원소, 간격**)을 반환하고 간격은 샘플 사이 거리이다.

```
numpy.linspace(시작, 끝, num=50, endpoint=True, retstep=False,
dtype=None, axis=0)
```

```
np.linspace(4.0, 6.0, num=5)
```

```
array([4. , 4.5, 5. , 5.5, 6. ])
```

```
np.linspace(4.0, 6.0, num=5, endpoint=False)
```

```
array([4. , 4.4, 4.8, 5.2, 5.6])
```

```
np.linspace(4.0, 6.0, num=5, retstep=True)
```

```
(array([4. , 4.5, 5. , 5.5, 6. ]), 0.5)
```

(7) 배열함수 종류

'1'로만 이루어진 배열은 **np.ones((행, 열))**, '0'으로만 이루어진 배열은 **np.zeros((행, 열))**, 배열에 사용자가 지정한 값을 넣는 경우 **np.full()**, 대각선이 '1'이고 나머지는 '0'인 2차원 배열은 **np.eye()**이다. 그리고 **np.array(range(20))**와 **np.arange(20)**은 같다.

```
a = np.ones((2,5))
print(a)
```

```
[[1. 1. 1. 1. 1.]
 [1. 1. 1. 1. 1.]]
```

```
a = np.full((2,5), 3)
a
```

```
array([[3, 3, 3, 3, 3],
       [3, 3, 3, 3, 3]])
```

```
b = np.array(range(20)).reshape((2,10))
b
```

```
array([[ 0,  1,  2,  3,  4,  5,  6,  7,  8,  9],
       [10, 11, 12, 13, 14, 15, 16, 17, 18, 19]])
```

배열 차원 확인은 **np.ndim()**이고, 배열 형태 확인은 **np.shape()**이며. 데이터 타입 확인은 **np.dtype**이다.

```
np.ndim(b)
```

```
2
```

```
np.shape(b)
```

```
(2, 10)
```

```
np.dtype
```

```
numpy.dtype
```

(8) 메모리 배치

NumPy 배열의 성분 값 정렬 방식을 의미하며 다차원 배열의 성분 값 정렬 방식은 그림 12.8과 같이 행 우선(column-major) 방식과 열 우선(row-major) 방식이 있다. 행 우선 방식은 첫 번째 행을 메모리에 넣은 다음 두 번째 행을 메모리에 넣는다. 열 우선 방식은 첫 번째 열을 메모리에 넣은 다음 두 번째 열을 메모리에 넣는다.

행 우선 방식은 C 언어 스타일의 메모리 순서이고 기본값으로 사용된다. 3차원 배열일 때 [i][j][k] 형태로 색인이 구성돼 있다면 k의 값부터 순차적으로 증가하고, k 색인이 최댓값에 도달하면 j 색인이 증가하는 구조이다.

열 우선 방식은 Fortran 언어 스타일의 메모리 순서이다. 3차원 배열일 때 [i][j][k] 형태로 색인이 구성돼 있다면 i의 값부터 순차적으로 증가하고, i 색인이 최댓값에 도달하면 j 색인이 증가하는 구조이다.

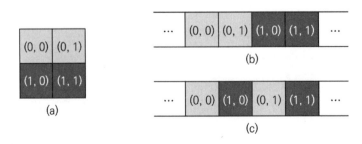

그림 12.8 | 메모리 배치 (a) 배열 (b) 행 우선 (c) 열 우선

Numpy 배열에서는 **order** 매개변수의 인수를 통해 메모리 배치를 설정할 수 있다. array_C는 C 언어 스타일의 정렬 방식을 가지며, array_F는 Fortran 언어 스타일의 정렬 방식을 갖고 있다. 다음은 3x3 배열인 경우 **order**에 따른 정렬방식을 나타내고 있다.

```
data = [[1,2,3],[4,5,6],[7,8,9]]
array_3=np.array(data)
print(array_3)
```
```
[[1 2 3]
 [4 5 6]
 [7 8 9]]
```

```
array_C = np.reshape(array_3,(1, -1), order='C')
print(array_C)
```
```
[[1 2 3 4 5 6 7 8 9]]
```

```
array_F = np.reshape(array_3, (1, -1), order='F')
print(array_F)
```
```
[[1 4 7 2 5 8 3 6 9]]
```

다음은 1차원 배열을 C 언어 스타일의 정렬 방식, Fortran 언어 스타일의 정렬 방식을 나타내고 있다.

```
import numpy as np

array = np.arange(10)
print(array)
```
```
[0 1 2 3 4 5 6 7 8 9]
```

```
array_new = np.reshape(array, (2, -1))
print(array_new)
```
```
[[0 1 2 3 4]
 [5 6 7 8 9]]
```

```
array_C = np.reshape(array, (2, -1), order='C')
print(array_C)
```

```
[[0 1 2 3 4]
 [5 6 7 8 9]]
```

12.3 NumPy 연산

(1) 벡터 및 행렬 연산

연산은 +, -, *, / 등의 연산자를 사용할 수도 있고, **add(), substract(), multiply(), divide()** 등의 함수를 사용할 수도 있다. 벡터 및 행렬의 연산은 같은 위치끼리 4칙 연산을 한다.

다음 예제는 3개 성분을 가진 1차원 벡터의 덧셈, 지수, 곱셈의 연산 결과를 나타내었다.

```
data=np.array([1,2,3])
print(data+data)
```

```
[2 4 6]
```

```
print(data**2)
```

```
[1 4 9]
```

```
print(data*20)
```

```
[20 40 60]
```

다음 예제에서 덧셈에서 **a+b**와 **np.add(a,b)**의 연산 결과는 동일함을 확인할 수 있다.

```
import numpy as np
a = np.array([1,2,3,4])
b = np.array([5,6,7,8])
c = a + b
print(c)
```

```
[ 6  8 10 12]
```

```
c_other=np.add(a,b)
print(c_other)
```

```
[ 6  8 10 12]
```

뺄셈, 곱셈, 나눗셈의 결과를 나타낸다.

```
d = a - b
print(d)
```

```
[-4 -4 -4 -4]
```

```
f = a*b
print(f )
```

```
[ 5 12 21 32]
```

```
g = a/b
print(g)
```

```
[0.2        0.33333333 0.42857143 0.5       ]
```

각 배열 요소들을 더하는 **sum()** 함수, 각 배열 요소들을 곱하는 **prod()** 함수 등을 사용
할 수 있다. 이들 함수에 선택옵션으로 **axis**을 지정할 수 있는데, 예를 들어 **sum()**에서
axis=0 이면 열끼리 더하고 **axis=1**이면 행끼리 더한다.

다음 예제는 2x2 배열의 **sum()**, 방향에 따른 합(**axis=0, axis=1**), **prod()** 결과를 나타내
었다.

```
import numpy as np
a = np.array([[1,2],[3,4]])
sum_val1 = np.sum(a)
print(sum_val1)
```

```
10
```

```
sum_val2 = np.sum(a, axis=0)
print(sum_val2)
```

```
[4 6]
```

```
sum_val3 = np.sum(a, axis=1)
print(sum_val3)
```

```
[3 7]
```

```
prod_val = np.prod(a)
print(prod_val)
```

```
24
```

(2) numpy.dot

그림 12.9와 같이 두 열벡터 x, y에 대한 내적은 $x \cdot y$인 dot product와 $x^T y$인 inner product이 있고 결과는 하나의 실수인 스칼라가 된다. 1-차원 배열과 2-차원 배열의 경우 **numpy.inner**는 첫 번째 행렬을 전치한 다음 곱한다. **np.dot** 및 **np.inner**는 1-차원 배열에서 동일하다.

$$
x \cdot y = \sum_{i=1}^{n} x_i y_i
$$
$$
x^T y = x_1 y_1 + x_2 y_2 + \cdots + x_n y_n
$$

(12-1)

반면 $x*y$은 요소별 곱으로 $(x_1 y_1, x_2 y_2, \cdots, x_n y_n)$이 되고, dot product은 요소별 곱한 후 모든 값을 합한 값이다.

$$x^T y = [x_1 \; x_2 \; \cdots \; x_n]_{(1 \times n)} \begin{bmatrix} y_1 \\ y_2 \\ \vdots \\ y_n \end{bmatrix}_{(n \times 1)} = \{ x_1 y_1 + x_2 y_2 + \cdots + x_n y_n \}$$

(a)

$$x * y = \begin{bmatrix} x_1 \\ x_2 \\ \vdots \\ x_n \end{bmatrix}_{(n \times 1)} * \begin{bmatrix} y_1 \\ y_2 \\ \vdots \\ y_n \end{bmatrix}_{(n \times 1)} = \begin{bmatrix} x_1 y_1 \\ x_2 y_2 \\ \vdots \\ x_n y_n \end{bmatrix}_{(n \times 1)}$$

(b)

그림 12.9 | 내적 (a) inner product (b) 요소별 곱

다음 예제는 1차원 실수 배열에서 $x \cdot y$인 dot product와 $x^T y$인 inner product, $x * y$ 인 요소별 곱을 나타내었다. 1차원에서는 dot product와 inner product 값 상수이며 동일하다.

```
import numpy as np
x = np.array([1, 2],float)
y = np.array([3, 4],float)
print("x:", x)
```
```
x: [1. 2.]
```

```
print("y:", y)
```
```
y: [3. 4.]
```

```
print("dot product of x and y:", np.dot(x, y))
```
```
inner product of x and y: 11.0
```

```
print("inner product of x and y:", np.inner(x, y))
```
```
inner product of x and y: 11.0
```

```
print(x*y)
```
```
[3. 8.]
```

두 2차원 배열 $a=[[a_1, a_2],[a_3, a_4]]$, $b=[[b_1, b_2],[b_3, b_4]]$의 dot product $a \cdot b=[[a_1*b_1+a_2*b_3,\ a_1*b_2+a_2*b_4],[a_3*b_1+a_4*b_3,\ a_3*b_2+a_4*b_4]]$이다. n-차원 배열의 경우 일반적인 텐서 연산에 해당하고, np.inner는 때때로 고차 및 저차 텐서 사이, 특히 텐서에 벡터를 곱한 벡터 곱이라고 한다.

다음 예제는 2차원에서 dot product와 inner product 결과를 나타내었고 다름을 알 수 있다.

```
a=np.array([[1,2],[3,4]])
b=np.array([[5,6],[7,8]])
np.dot(a,b)
```
```
array([[19, 22],
       [43, 50]])
```

```
np.inner(a,b)
```
```
array([[17, 23],
       [39, 53]])
```

텐서

파이썬에서 모든 데이터를 텐서(tensor)라 한다. 숫자 [3]는 스칼라 혹은 랭크=0 텐서이고, 1차원 배열 [1,2]은 벡터 혹은 랭크=1 텐서이며, 2차원 배열 [[1,2], [3,4]]는 행렬 혹은 랭크=2 텐서이고, 3차원 배열 [[[1,2]], [[3,4]]]는 텐서 혹은 랭크=3 텐서이다.

(3) numpy.outer(a, b, out=None)

두 열벡터 a, b에 대한 외적은 $a \otimes b$ outer product과 $a \times b$인 cross product이 있고 결과는 행렬(텐서)가 된다. 두 벡터, $a = [a_0, a_1, ..., a_n]$와 $b = [b_0, b_1, ..., b_m]$가 주어질 때 outer product $a \otimes b = ab^T$는 다음과 같고,

$$[[a_0*b_0 \quad a_0*b_1 \quad \cdots \quad a_0*b_m]$$
$$[a_1*b_0 \quad \cdots \quad \vdots]$$
$$[\quad \vdots \quad \cdots \quad \vdots]$$
$$[a_n*b_0 \quad \cdots \quad a_n*b_m]] \tag{12-2}$$

여기서 차원은 (n, m) 배열이며, 그림 12.10은 도식적으로 나타내었다.

$$a \otimes b = ab^T = \begin{bmatrix} a_1 \\ a_2 \\ \vdots \\ a_n \end{bmatrix}_{(n \times 1)} [b_1 \ b_2 \ \cdots \ b_m]_{(1 \times m)} = \begin{Bmatrix} a_1b_1 & a_1b_2 & \cdots & a_1b_m \\ a_2b_1 & a_2b_2 & \cdots & a_2b_m \\ \vdots & \vdots & & \vdots \\ a_nb_1 & a_nb_2 & \cdots & a_nb_m \end{Bmatrix}_{(n \times m)}$$

그림 12.10 | 차원이 (,n)과 (,m)인 두 개의 배열 outer product

차원이 (,2)인 두 개의 배열을 outer product를 하면 (2,2)차원이 된다.

차원이 (,3)인 두 열벡터 a, b의 cross product는 $a \times b$이라 하고 각각 열벡터에 직교한다.

$$a \times b = [a_2b_3 - a_3b_2, \ a_3b_1 - a_1b_3, \ a_1b_2 - a_2b_1) \tag{12-3}$$

다음 예제는 차원이 (,2)인 두 개의 배열을 outer product, cross product 한 결과를 나타낸다.

```
print("outer product of x and y:", np.outer(x, y))
```

```
outer product of x and y: [[3. 4.]
 [6. 8.]]
```

```
print("cross product of x and y:", np.cross(x, y))
```

```
cross product of x and y: -2.0
```

차원이 (2,2)인 두 개의 배열을 outer product를 하면 (4,4)차원이 된다.

```
print(np.outer(a, b))
```

```
[[ 5  6  7  8]
 [10 12 14 16]
 [15 18 21 24]
 [20 24 28 32]]
```

12.4 NumPy 그림 그리기

(1) 다중 그림 그리기

01 plt.plot(x, x, 'r--', x, x**2, 'bs', x, x**3, 'g^')는 3가지 그래프를 동시에 그린다.

02 x, x, 'r--'은 $y = x$일 때 red 점선 그래프를 의미한다.

03 x, x**2, 'bs'는 $y = x^2$일 때 푸른색 네모난 점 그래프이다.

04 x, x**3, 'g^'는 $y = x^3$일 때 초록색 세모 점 그래프이다.

05 y-축은 따로 정해주지 않는다면 세 개의 그래프(x, x^2, x^3)가 자동으로 조정된다.

```python
import numpy as np
import matplotlib.pyplot as plt

x = np.arange(0., 2., 0.1)
plt.figure(figsize=(7,5))
plt.xlabel("x-axis")
plt.ylabel("y-axis")
plt.title("Drawing graph")
plt.plot(x, x, 'r--', x, x**2, 'bs', x, x**3, 'g^')
plt.show()
```

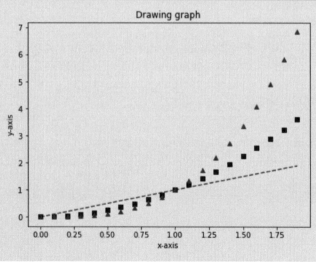

(2) Numpy 함수를 이용한 그래프

Numpy 모듈은 실수, 복소수, 복소수 행렬의 원소 간 범용 함수(universal function), **ufunc**를 모두 지원하므로 사용 범위가 넓다. 배열의 원소 간 연산을 위해 NumPy의 **ufunc** 함수는 NumPy 내장함수이며 많이 사용된다. 범용함수에 대한 자세한 설명은 사이트 docs.scipy.org/doc/numpy/reference/ufuncs.html를 참고하면 되고 표 12.1은 기본적인 함수를 소개한다.

표 12.1 | NumPy 함수

함수	설명	함수	설명
sqrt(x)	x의 제곱근	arcsin(x)	역 사인
exp(x)	x의 지수(e^x)	arccosn(x)	역 코사인
log(x)	x의 자연로그 $\ln x$	arctan(x)	역 탄젠트
log10(x)	밑이 10인 x의 로그	fabs	절대값
degrees(x)	라디안을 ℃로 변환	math.factorial(n)	정수의 $n!$
radians(x)	℃를 라디안으로 변환	round(x)	실수를 가까운 정수로 반올림
sin(x)	라디안 x의 사인	floor(x)	실수를 가까운 정수로 잘라버림
cos(x)	라디안 x의 코사인	ceil(x)	실수를 가까운 정수로 올림
tan(x)	라디안 x의 탄젠트	sign(x)	$x < 0$이면 -1, $x > 0$이면 1, 0이면 0

다음 예제는 NumPy 내장함수를 이용하여 $e^{-t}\cos(2\pi nt)$와 $\sin(n\pi t)$의 그래프를 그린 것이다.

```
import numpy as np
import matplotlib.pyplot as plt

def f(t):
    return np.exp(-t) * np.cos(2*np.pi*t)

def g(t):
    return np.sin(np.pi*t)

t1 = np.arange(0.0, 5.0, 0.01)
t2 = np.arange(0.0, 5.0, 0.01)

plt.plot(t1, f(t1), t2, g(t2), 'r-')

plt.xlabel("x-axis")
plt.ylabel("y-axis")
plt.title("Drawing graph")
plt.grid()

plt.show()
```

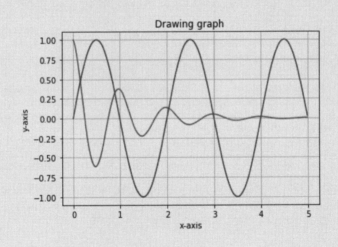

12.5 numpy.random

NumPy 패키지는 random이라는 모듈(**numpy.random**)이 있고, 난수 발생 및 배열을 생성한다. 난수는 기계학습의 데이터 셋을 샘플링 할 때 또는 다양한 확률 분포로 데이터를 무작위로 생성할 때 많이 활용된다.

(1) np.random.random((n, m))

numpy.random.sample((n, m))과 같이 0.0 ~ 1.0 사이의 무작위 **(n, m)** 크기 배열을 반환한다. 다음 예제는 표본 10,000개의 배열을 10개 구간으로 구분했을 때 균등 분포 형태를 나타낸다.

```
data = np.random.random(10000)
import matplotlib.pyplot as plt
plt.hist(data, bins=10)
plt.show()
```

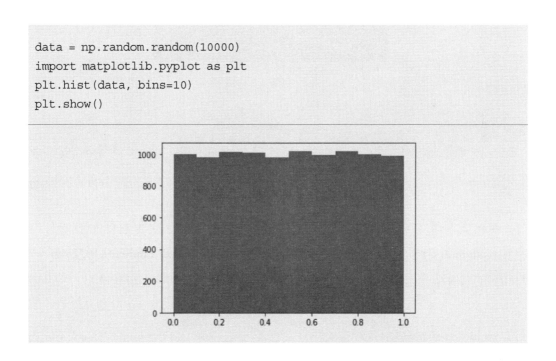

(2) np.random.randint(최저값, 최고값, (n, m), dtype=None)

최저값 ~ (최고값-1) 사이의 무작위 **(n, m)** 크기 정수 배열을 생성한다. 다음 예제는 -50에서 50의 범위에서 정수를 균등하게 표본 추출한다. 균등 분포로 5,000개를 표본 추출한 결과를 히스토그램으로 표현한다. 표본 5,000개의 배열을 10개 구간으로 구분했을 때 균등 분포 형태를 보이고 있다.

```
data = np.random.randint(-50, 50, 5000)
import matplotlib.pyplot as plt
plt.hist(data, bins=10)
plt.show()
```

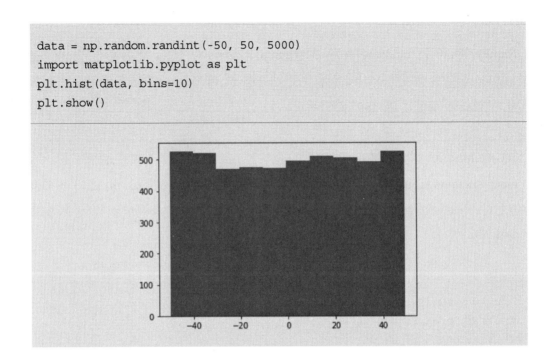

numpy.random.seed

난수의 시작점을 설정하는 함수로 무작위수 재연한다. 동일한 무작위수로 초기화된 배열이 만들어진다.

random 모듈의 함수는 실행할 때마다 무작위 수를 반환하는 것을 나타낸다. 다음 예제는 random(2, 3)에서 0과 1사이 무작위 2x3 배열을 생성하고 randint(0,10,(2,4))에서 0~(10-1) 사이의 무작위 2x4 크기 정수 배열을 생성된 것을 나타낸다.

```
np.random.random((2, 3))

array([[0.18941205, 0.33373388, 0.16895453],
       [0.26579131, 0.02938945, 0.23623259]])
```

```
np.random.randint(0, 10, (2, 4))
```

```
array([[9, 0, 6, 1],
       [1, 0, 4, 5]])
```

(3) np.random.normal()

정규 분포 확률 밀도에서 표본을 추출한다. 다음 예제는 정규분포로 평균이 0이고 표준편차가 1이며 5,000개 표본을 뽑은 히스토그램으로 나타내었다. 표본 5,000개의 배열을 50개 구간으로 구분할 때, 정규 분포 형태를 보이고 있다.

```
data = np.random.normal(0, 1, 5000)
import matplotlib.pyplot as plt
plt.hist(data, bins=50)
plt.show()
```

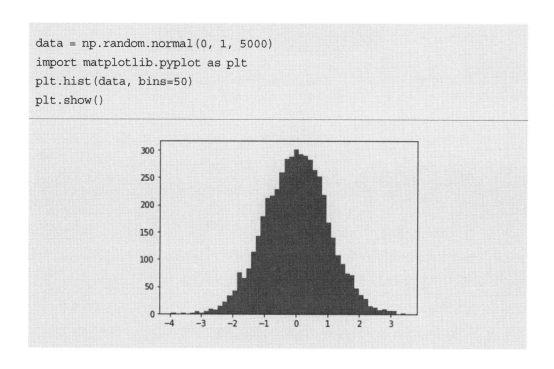

(4) np.random.rand()

[0. 1)의 무작위 균등분포에서 난수 행렬배열을 생성한다. 다음 예제는 균등 분포로 5,000개를 표본 추출한 결과를 히스토그램으로 표현하였다. 표본 5,000개의 배열을 10개 구간으로 구분했을 때 균등한 분포 형태를 보이고 있다.

```
data = np.random.rand(5000)
import matplotlib.pyplot as plt
plt.hist(data, bins=10)
plt.show()
```

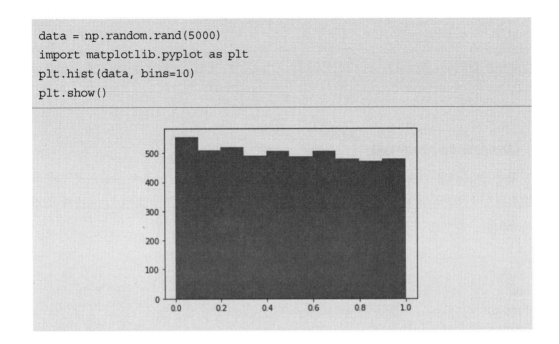

12.6 브로드캐스팅

브로드캐스팅(broadcasting)의 사전적인 의미는 '퍼뜨리다'라는 뜻인데, 이와 같이 사칙 연산에 쓰이는 기호나 **ufunc**를 사용하여 ndarray끼리 연산을 수행 할 때 두 행렬 중 크기가 작은 행렬을 크기가 큰 행렬과 모양이 맞게 늘려주는 것이다. 브로드캐스팅은 정보 이론, 분류 등에서 사용되는 Vector Quantization(VQ) 알고리즘에서 사용된다.

배열 연산에서 항상 차원의 크기가 1이 포함되어 있거나 차원에 대해 축의 길이가 같은 것이 있어야 한다.

다음 예제에서 **x** 행렬은 1차원 배열 (3,), **y** 행렬은 1차원 배열 (4,), **z** 행렬은 2차원 배열 (2, 3), **xx** 행렬은 2차원 배열 (3,1)이다. **shape**는 행과 열의 개수를 튜플로 반환하는 함수이다.

```
x = np.arange(3)
xx = x.reshape(3,1)
y = np.ones(4)
z = np.ones((2,3))

x.shape
```

```
(3,)
```

```
xx.shape
```

```
(3, 1)
```

```
y.shape
```

```
(4,)
```

```
z.shape
```

```
(2, 3)
```

다음 예제에서 1차원끼리 연산 x+y는 오류가 발생하고, xx+y는 차원의 크기가 1이 포함되어 있어 연산이 가능하며 (3,1)+(4,)=(3,4)인 2차원 행렬이 된다. x+z는 차원에 대해 축의 길이가 같은 3이 있어 (3,)+(2,3)=(2,3)인 2차원 행렬이 된다.

```
(xx + y).shape
```

```
(3, 4)
```

```
xx + y
```

```
array([[1., 1., 1., 1.],
       [2., 2., 2., 2.],
       [3., 3., 3., 3.]])
```

```
(x + z).shape
```

```
(2, 3)
```

```
x + z
```

```
array([[1., 2., 3.],
       [1., 2., 3.]])
```

그림 12.11(a)에서 0, 1, 2라는 NumPy로 생성한 배열에 스칼라 3을 합한 결과가 3, 4, 5이 되었다. 3이 각 요소에 브로드캐스팅 되어 간단하게 합 연산을 수행되었다.

그림 12.11(b)는 3x3 배열에 1x3 배열의 합 연산인 경우이며, 낮은 차원의 배열에서만 아래(0번-축) 방향으로 브로드캐스팅 되어 행에 동일한 계산을 한다.

그림 12.11(c)는 3x1 배열과 1x3 배열의 합을 했는데 양 쪽 배열에서 브로드캐스팅 한 것을 나타낸다.

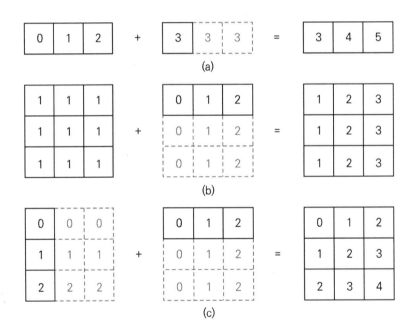

그림 12.11 | 다른 차원의 배열 간 산술연산 시 브로드캐스팅 연산 (a) np.arange(3)+3 (b) np.ones((3,3))+np.arange(3) (c) np.arangr(3).reshape((3,1))+np.arange(3)

12.7 NumPy 입출력

NumPy의 입력과 출력하는 배열 객체를 바이너리 파일(**numpy.save, numpy.savez, numpy.load**) 혹은 텍스트 파일(**numpy.loadtxt, numpy.savetxt**)에 저장하고 로딩하는 기능을 제공한다.

(1) numpy.loadtxt()

np.loadtxt('파일경로', 파일에서 사용한 구분자, 데이터타입 지정)를 이용하여 파일을 읽어와 데이터 변수에 배열로 넣어준다. 파일경로는 .ipynb파일을 만들어서 사용하는 작업폴더(d:\work\jupyter)까지는 자동인식 된다.

> (예) np.loadtxt('./score.csv', delimiter=',', dtype=np.float32)

01 인터넷에서 검색하여 **'inflammation-01.csv'** 파일을 txt 파일에 복사하여 확장자 명을 csv로 변경한다.

02 **numpy.loadtxt**는 매개변수는 읽어 올 파일이름과 값을 구분하는 구분자 (delimiter)이며, 둘 다 문자열이 되어야 하므로 따옴표 안에 넣는다. 몇 개의 행과 열만 보여지고 큰 배열을 화면에 출력할 때는 요소를 생략하기 위해서 ...를 사용하여 표기한 다. 공간을 절약하기 위해 파이썬은 소수점 다음에 흥미로운 것이 없을 때는 숫자를 1.0 대신에 **1.**을 사용한다. 데이터가 주기억장치에 로딩되었는지 확인하고자 한다면, 변수의 값을 출력할 수 있다.

다음은 읽어온 파일을 확인하기 위해 출력한 결과를 나타낸다.

```
import numpy as np
#csv_data=np.loadtxt("D:/work/Patient Data.csv", delimiter=",")
csv_data=np.loadtxt("./inflammation-01.csv", delimiter=",")

print(csv_data)
```

```
[[0. 0. 1. ... 3. 0. 0.]
 [0. 1. 2. ... 1. 0. 1.]
 [0. 1. 1. ... 2. 1. 1.]
 ...
 [0. 1. 1. ... 1. 1. 1.]
 [0. 0. 0. ... 0. 2. 0.]
 [0. 0. 1. ... 1. 1. 0.]]
```

(2) np.savetxt()

텍스트 파일에 NumPy 배열 객체 저장을 저장하는 함수이다. 아래에서 **np.savetxt** 함수를 이용하여 배열 객체를 텍스트 파일로 저장하고, 텍스트 파일을 **np.loadtxt**로 로딩한 것을 확인했다. 그리고 작업폴더에 example1.csv 파일이 생긴다.

```
data_my = np.random.randint(0, 5, (2, 5))
np.savetxt("./example1.csv", data_my, delimiter=",")
data_my
```

```
array([[0, 1, 1, 2, 3],
       [1, 0, 3, 4, 1]])
```

```
np.loadtxt('./example1.csv', delimiter=',')
```

```
array([[0., 1., 1., 2., 3.],
       [1., 0., 3., 4., 1.]])
```

2진법 파일 서식 입출력

한 개를 파일에 저장은 **numpy.save()**, 복수 개를 파일에 저장은 **numpy.savez()**, 저장 파일로부터 객체 로딩은 **numpy.load()**이다.

%matplotlib inline

주피터 노트북을 사용하는 경우에는 매직(magic) 명령으로 노트북 내부에 그림을 표시하도록 지정해야 한다.

12 CHAPTER

이공학을 위한 **파이썬 실습 보고서**

실험제목	실습 ( )		
학과/학년		학 번	확인
이 름		실 험 반	
실습일자		담당교수	

12.1 NumPy를 이용한 코딩에서 각 줄마다 주석을 붙이고 결과를 첨부한다.

```
import numpy as np #

data=np.random.rand(2,3,5) #
data #
```

```
data[0] #
```

12.2 matplotlib, NumPy를 이용하여 NumPy.linespce을 이용하여 그래프를 그리는 코드이다. 각 줄마다 주석을 붙이고 결과를 첨부한다.

```python
import numpy as np  #
import matplotlib.pyplot as plt  #

N = 10  #
y = np.ones(N)  #
x1 = np.linspace(0, 10, N, endpoint=True)  #
x2 = np.linspace(0, 10, N, endpoint=False)  #

plt.plot(x1, y, 'o')  #
plt.plot(x2, y+1, '^')  #

plt.xlabel("x-axis")  #
plt.ylabel("y-axis")  #
plt.title("Drawing graph")  #

plt.ylim([0, 3])  #
plt.show()  #
```

12.3 NumPy 함수식을 이용하여 그래프를 그리는 코드이다. 각 줄마다 주석을 붙이고 결과를 첨부한다.

```
import numpy as np #
import matplotlib.pyplot as plt #

x=np.linspace(-np.pi, np.pi, 256) #
C, S=np.cos(x), np.sin(x) #

plt.plot(x, C, ls='--', label='cosine') #
plt.plot(x, S, ls=':', label='sine') #

plt.xlabel('x-axis') #
plt.ylabel('y-axis') #
plt.title('Drawing graph') #
plt.legend(loc=2) #
plt.grid() #

plt.show() #
```

12.4 array1이 아래와 같이 주어졌을 때 배열의 차원을 구하고 설명하여라.

```
array1 = [np.random.randn(2, 3) for _ in range(5)]
```

(a) (,   ,   )

```
np.stack(array1, axis=0).shape
```

(b) (,   ,   )

```
np.stack(array1, axis=1).shape
```

(c) (,   ,   )

```
np.stack(array1, axis=2).shape
```

12.5 다음은 배열 크기가 다른 행렬을 연산하는데 브로캐스팅이 가능한 것을 고르고 계산 후 배열의 크기를 나타내어라.

(a) (4 x 3 x 2) + (3 x 2) − (3 x 1)

(b) (8 x 1 x 6 x 1) + (7 x 1 x 5)

(c) (256 x 256 x 3) *(3,)

(d) (3,) − (4,)

(e) (2 x 1) − (8 x 4 x 3)

12.6 본 실습에서 느낀 점을 기술하고 추가한 실습 내용을 첨부하여라.

CHAPTER

13 pandas

13.1 pandas란

pandas(PANel DAtaS의 준말)는 데이터 분석을 위해 널리 사용되는 파이썬 라이브러리이다. NumPy와 같이 C로 구현되어 빠른 배열연산이 가능하여 대규모 데이터 처리가 가능하다. pandas는 크게 두 가지의 자료구조를 지원하고 있는데, 1차원 자료구조인 **Series**, 2차원 자료구조인 **DataFrame**이다. 판다스의 자세한 내용은 참고자료 pandas.pydata.org에 있다.

데이터 유형(정수, 실수, 문자열, 파이썬 객체 등)에 따라 인덱싱 및 축 레이블링/정렬에 대한 기본적인 동작은 모든 객체에 적용된다. 표 데이터(**DataFrame**)을 사용하면 0축과 1축보다는 지수(행)과 열을 생각하는 것이 의미적으로 도움이 된다. 따라서 **DataFrame**의 열을 반복하면 보다 읽기 쉬운 코드가 생성된다.

pandas는 메모리 내 데이터 구조와 다른 형식(csv, txt, MS 엑셀, SQL DB) 간에 데이터를 읽고 쓰는 툴이다. 파일의 가장 일반적인 형태는 .csv(comma), .tsv(tab)인데 pandas는 tab를 다루는 최적화된 툴이다.

> 콤마로 분리된 파일은 csv(comma-separated values)
> 탭으로 분리된 파일은 tsv(tab-separated values)

pandas는 오로지 2차원만 지원하고 NumPy는 값만 다루지만 pandas는 스키마(구조)를 다룰 수 있다. pandas는 NumPy 위에 만들어져 다른 많은 제3자 라이브러리와 과학적인 컴퓨팅 환경 내에서 잘 통합되도록 설계되었다. pandas 데이터 구조인 **Series**(1차원)와 **DataFrame**(2차원)은 금융, 통계, 사회과학 및 많은 공학 분야에서 일반적인 사용 사례를 처리한다. **DataFrame**은 R의 **data.frame**이 제공한다.

표 13.1과 같이 **Series**는 데이터가 입력되면 무조건 인덱스가 붙고, 낮은 차원 데이터를 위한 보관소(집합) 역할을 한다. 즉 **Series**는 스칼라용 보관소, **DataFrame**은 **Series**용 보관소이다. 이러한 보관소에서 데이터를 사전과 같은 방식으로 삽입하고 제거하는 기능을 제공한다.

파이썬 및 NumPy 인덱싱 연산자 **[ ]**와 속성 연산자 **'.'**는 pandas 데이터 구조에 쉽게 접근할 수 있고, 파이썬의 딕셔너리와 NumPy 배열과 다루는 방법이 거의 비슷하다.

표 13.1 | Series와 DataFrame 차이

차원	이름	설명
1	Series	1D 레이블이 동종 유형으로 지정된 배열
2	DataFrame	이질적인 열이 있는 일반 2D 레이블 지정, 크기 변경 가능 표 구조

13.2 pandas 데이터 만들기

(1) 실습을 위한 Data 선택

국외 데이터는 UN 통계부(unstats.un.org/home)/DATA/UNdata에 들어가서 자료를 선택하고 **Apply Filter/Download**에서 파일의 종류 XML(structured), comma, semicolon/pipe 중에서 선택하여 데이터를 다운 받는다. 그 외 OECD(data.oecd.org) 등에도 다양한 자료를 제공한다. 국내외 데이터셋을 제공하는 정보는 참고문헌에 첨부하였다.

국내 데이터는 공공데이터포털(www.data.go.kr), 기상자료개방포털(data.kma.go.kr)

등을 참고하면 된다. pandas 실습은 표 13.2와 같이 OECD에서 제공하는 2006년에서 2010년까지, 경상가격기준 GDP와 빈곤율 자료를 이용한다.

표 13.2 | 실습에 사용된 자료

연도	경상가격기준 GDP[$]	빈곤율 [%]
2006	24288	14.3
2007	26084	14.8
2008	26689	15.2
2009	26338	15.3
2010	28210	14.9

(2) Series

Series는 어떤 데이터 유형(정수, 문자열, 실수, 파이썬 객체 등)을 배열/리스트와 같은 일련의 순서 데이터인 1차원 레이블 배열이다. 축 레이블을 인덱스라고 하고 **Series**를 만드는 방법은 **s = pd.Series(data, index=index)**을 호출하는 것이다. 데이터는 스칼라, 파이썬 딕셔너리, ndarray 값이다.

01 코딩 전에 NumPy를 불러와서 이름공간에 pandas를 적재한다. pandas 데이터구조는 라이블(label)과 데이터 사이를 연결하는 데이터 정렬을 한다.

```
# import NumPy and load pandas
import numpy as np
import pandas as pd
```

02 pandas를 사용하기 위해 pandas를 불러 리스트를 구성하고 **Series**를 만든다. 인덱스는 축 레이블의 리스트이며 별도의 인덱스 레이블을 지정하지 않으면 **[0, ..., len(data) - 1]**처럼 자동적으로 0부터 시작하는 기본값 정수 인덱스를 사용한다. 다음은 스칼라 리스트를 이용하여 **Series**를 만든 예이다. 인덱스 레이블을 지정하지 않아 자동

적으로 0부터 발생한다. **pd.Series()** 대신에 **Series()**를 사용하려면 미리 **from pandas import Series**로 가져온다.

```
# scalar value data for no index
gdp_s1 = pd.Series([24288, 26084,26689,26338,28210])
gdp_s1
```

```
0    24288
1    26084
2    26689
3    26338
4    28210
dtype: int64
```

인덱스 레이블을 가진 스칼라 리스트의 **Series**를 만든 예이다. 지정해 준 레이블명이 추가되었다.

```
# scalar value data with index
gdp_s2 = pd.Series([24288, 26084,26689,26338,28210],
          index=[2006,2007,2008,2009,2010])
poverty_s1 = pd.Series([14.3,14.8,15.2,15.3,14.9],
          index=[2006,2007,2008,2009,2010])
gdp_s2
```

```
2006    24288
2007    26084
2008    26689
2009    26338
2010    28210
dtype: int64
```

```
poverty_s1
```

```
2006    14.3
2007    14.8
2008    15.2
2009    15.3
2010    14.9
dtype: float64
```

딕셔너리 데이터인 경우를 나타내고 있다. 파이션 버전이 3.6 이상, pandas 0.23 이상에서 인덱스가 없어도 딕셔너리의 키와 상관없이 입력한 순서에 따라 **Series**가 만들어진다.

```
# Series from Python dictionary
poverty_s2 = pd.Series({2006:14.3,2007:14.8,2008:15.2,2009:15.3,
                        2010:14.9})

poverty_s2
```

```
2006    14.3
2007    14.8
2008    15.2
2009    15.3
2010    14.9
dtype: float64
```

데이터가 ndarray인 경우 **Series**가 만들어지는 예이며, **Series**는 이름 속성을 가질 수 있다.

```
# Series from ndarray
s3 = pd.Series(np.random.randn(4), index=['Jan', 'Feb', 'Mar', 'Apr'],
               name='series name')
s3
```

```
Jan     0.318255
Feb     0.424383
Mar     0.283162
Apr    -0.849519
Name: series name, dtype: float64
```

Series는 ndarray와 유사하지만 실제 ndarray가 필요한 경우 **Series.to_numpy()**를 사용한다.

```
#actual ndarray
poverty_s2.to_numpy()
```

```
array([14.3, 14.8, 15.2, 15.3, 14.9])
```

(3) DataFrame

DataFrame는 행과 열이 있는 테이블 데이터인 2차원 레이블 데이터 구조이며 가장 일반적으로 사용되는 pandas 객체이다. **Series**와 마찬가지로 **DataFrame**은 1-D ndarray, 리스트, 딕셔너리, **Series**, 2-D **numpy.ndarray**, 구조화 또는 기록 ndarray, 또 다른 **DataFrame**과 같은 다양한 종류의 입력을 수용한다.

다음은 UN자료를 기반으로 한 **Series** 세 개인 연도, 국민 1인당 GDP, 빈곤율으로 2차원 구조인 **DataFrame**을 만들었다. 열을 딕셔너리의 키로, 행을 딕셔너리의 리스트 값으로 한 딕셔너리형 데이터를 **pd.DataFrame()**을 사용하여 pandas의 **DataFrame** 자료구조로 변환한다.

> **pd.DataFrame()** 대신에 **DataFrame()**를 사용하려면 미리 **from pandas import DataFrame** 으로 가져온다.

```
# DataFrame from dict of Lists
index=pd.Series([2006,2007,2008,2009,2010])
gdp_s2 = pd.Series([24288, 26084,26689,26338,28210])
poverty_s1 = pd.Series([14.3,14.8,15.2,15.3,14.9])

data1={'Year':index, 'GDP':gdp_s2, 'Poverty':poverty_s1}
data_f1=pd.DataFrame(data1)
data_f1
```

	Year	GDP	Poverty
0	2006	24288	14.3
1	2007	26084	14.8
2	2008	26689	15.2
3	2009	26338	15.3
4	2010	28210	14.9

그림 13.1과 같이 **Series**는 열 성분이고, **Series**의 모음으로 구성된 **DataFrame**은 다차원 목록이다. 그래서 **Series**와 **DataFrame**은 작동에서 매우 유사하다.

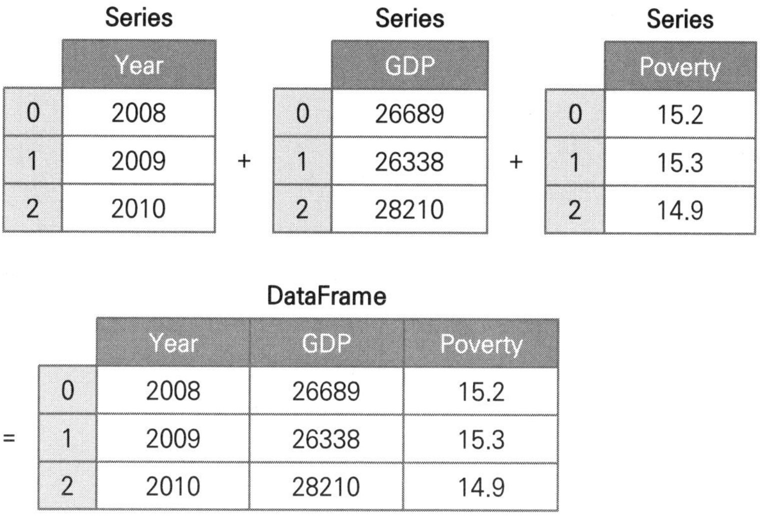

그림 13.1 | Series와 DataFrame 관계

index= 속성을 **pd.DataFrame()** 안에 리스트로 표현한 경우를 나타낸다. 열(**columns=**) 속성이 없으면 열은 딕셔너리 키의 순서가 된다.

```
# DataFrame from dict of Series
gdp_s2 = pd.Series([24288, 26084,26689,26338,28210],
          index=[2006,2007,2008,2009,2010])
poverty_s1 = pd.Series([14.3,14.8,15.2,15.3,14.9],
          index=[2006,2007,2008,2009,2010])
data2={'GDP':gdp_s2, 'Poverty':poverty_s1}
data_f2=pd.DataFrame(data2)
data_f2
```

	GDP	Poverty
2006	24288	14.3
2007	26084	14.8
2008	26689	15.2
2009	26338	15.3
2010	28210	14.9

리스트를 가진 딕셔너리 형태로 했을 때 앞에서 실습한 **Series**로 바꾸어 딕셔너리로 한 결과와 같다.

```
# DataFrame from dict
data_f3 = pd.DataFrame({'Year':[2006,2007,2008,2009,2010],
    'GDP':[24288, 26084,26689,26338,28210],
    'Poverty':[14.3,14.8,15.2,15.3,14.9]})
data_f3
```

	Year	GDP	Poverty
0	2006	24288	14.3
1	2007	26084	14.8
2	2008	26689	15.2
3	2009	26338	15.3
4	2010	28210	14.9

시계열 데이터로 다룰 때 **DataFrame** 인덱스에 날짜가 포함되어 브로캐스팅은 다음과 같이 열별로 진행된다. **pd.date_range** 함수를 쓰면 모든 날짜/시간을 시작일과 종료일 또는 시작일과 기간을 입력하면 범위 내의 인덱스를 생성해 준다. ndarray는 모두 길이가 같아야 한다. 인덱스가 있으면, 배열과 같은 길이여야 한다. 인덱스가 없으면 결과는 **range(n)**이 되며 여기서 n은 배열 길이다.

```
# DataFrame from time series data of ndarray
index = pd.date_range('1/1/2000', periods=5)
data_f4 = pd.DataFrame(np.random.randn(5, 4), index=index,
            columns=['Jan', 'Feb', 'Mar', 'Apr'])
data_f4
```

	Jan	Feb	Mar	Apr
2000-01-01	-0.961287	-1.081779	-0.342198	1.555175
2000-01-02	-0.752047	-1.603470	0.270204	-0.535445
2000-01-03	0.355553	-0.369438	-1.912314	-0.764399
2000-01-04	-0.463069	0.448018	0.056501	0.425433
2000-01-05	2.016093	0.068911	0.570439	-0.322383

DataFrame은 행 혹은 열 중 하나의 축으로 정렬이 가능하다. **axis=0**은 인덱스-축, **axis=1**은 열-방향을 가리킨다. 데이터는 기본적으로 오름차순이며 내림차순(점점 작아짐)으로 정렬할 때 **ascending=False**로 지정한다.

```
data_f4.sort_index(axis=0, ascending=False)
```

	Jan	Feb	Mar	Apr
2000-01-05	2.016093	0.068911	0.570439	-0.322383
2000-01-04	-0.463069	0.448018	0.056501	0.425433
2000-01-03	0.355553	-0.369438	-1.912314	-0.764399
2000-01-02	-0.752047	-1.603470	0.270204	-0.535445
2000-01-01	-0.961287	-1.081779	-0.342198	1.555175

DataFrame 객체에 있는 **sort_values**를 호출하면 해당 변수에 대해 정렬하고, ascending 매개변수 기본 값은 오름차순이다.

```
data_f4.sort_values(by='Feb')
```

	Jan	Feb	Mar	Apr
2000-01-02	-0.752047	-1.603470	0.270204	-0.535445
2000-01-01	-0.961287	-1.081779	-0.342198	1.555175
2000-01-03	0.355553	-0.369438	-1.912314	-0.764399
2000-01-05	2.016093	0.068911	0.570439	-0.322383
2000-01-04	-0.463069	0.448018	0.056501	0.425433

데이터를 원하는 행으로 자를 경우를 나타낸다. 첫 번째 행에서 세 번째 행까지 잘라 나타낸다.

```
data_f4[0:3]
```

	Jan	Feb	Mar	Apr
2000-01-01	-0.961287	-1.081779	-0.342198	1.555175
2000-01-02	-0.752047	-1.603470	0.270204	-0.535445
2000-01-03	0.355553	-0.369438	-1.912314	-0.764399

인덱스로 **Series**를 만든 후 **DataFrame**을 생성한 데이터에 새로운 열을 추가할 경우 리스트를 이용한 **Series**로 할 수 있다.

```
data_f2['Weight']=pd.Series([60,65,70,63,58],
                            index=[2006,2007,2008,2009,2010])
print(data_f2)
```

```
        GDP  Poverty  Weight
2006  24288     14.3      60
2007  26084     14.8      65
2008  26689     15.2      70
2009  26338     15.3      63
2010  28210     14.9      58
```

다음과 같이 항끼리 연산을 해서 새로운 열을 만들 수 있다.

```
data_f2['Rate']=data_f2['Poverty']* data_f2['Weight']
print (data_f2)
```

```
        GDP  Poverty  Weight    Rate
2006  24288     14.3      60   858.0
2007  26084     14.8      65   962.0
2008  26689     15.2      70  1064.0
2009  26338     15.3      63   963.9
2010  28210     14.9      58   864.2
```

원하는 열만 지울 수 있다. 앞에서 새로운 열 Rate을 삭제하면 다음과 같다.

```
del data_f2['Rate']
print (data_f2)
```

```
        GDP  Poverty  Weight
2006  24288     14.3      60
2007  26084     14.8      65
2008  26689     15.2      70
2009  26338     15.3      63
2010  28210     14.9      58
```

행과 열 레이블은 각각 인덱스 및 열 특성에 액세스할 수 있다. Year은 인덱스이므로 값이 없고 자료에 없는 인덱스와 행은 **NaN**을 출력한다. **NaN**은 숫자가 아니고 pandas에서 사용되는 표준 누락 데이터 표식기이다.

```
pd.DataFrame(data_f2, index=[2010,2009,2011],
            columns=['Year','GDP','Poverty','GNP'])
```

	Year	GDP	Poverty	GNP
2010	NaN	28210.0	14.9	NaN
2009	NaN	26338.0	15.3	NaN
2011	NaN	NaN	NaN	NaN

자료를 전치하려면 ndarray와 유사한 **DataFrame이름.T** 속성(전치 함수)을 사용할 수 있다.

```
data_f1.T
```

	0	1	2	3	4
Year	2006.0	2007.0	2008.0	2009.0	2010.0
GDP	24288.0	26084.0	26689.0	26338.0	28210.0
Poverty	14.3	14.8	15.2	15.3	14.9

DataFrame이름.describe() 함수는 생성했던 **DataFrame**의 간단한 통계 정보를 보여준다. 열 별로 데이터의 개수, 데이터의 평균 값, 표준 편차, 최솟값), 4분위수(25%, 50%, 75%), 그리고 최댓값들의 정보를 알 수 있다.

```
data_f1.describe()
```

	Year	GDP	Poverty
count	5.000000	5.000000	5.0000
mean	2008.000000	26321.800000	14.9000
std	1.581139	1404.749871	0.3937
min	2006.000000	24288.000000	14.3000
25%	2007.000000	26084.000000	14.8000
50%	2008.000000	26338.000000	14.9000
75%	2009.000000	26689.000000	15.2000
max	2010.000000	28210.000000	15.3000

DataFrame이름.head() 함수는 **DataFrame**에 들어있는 자료들을 확인하기 위해 맨 앞의 자료 몇 개를 알아보고 싶다면 다음과 같이 사용한다. 기본 값으로 다섯 개의 자료를 보여주고, 함수의 인자로 원하는 데이터의 개수를 입력한다. 같은 방법으로 **DataFrame이름.tail()** 함수는 뒤의 자료들을 보려고 할 때 사용한다.

```
data_f1.head(2)
```

	Year	GDP	Poverty
0	2006	24288	14.3
1	2007	26084	14.8

DataFrame의 인덱스를 보려면 **DataFrame이름.index** 함수를, 열을 보려면 **DataFrame이름.columns** 함수를 안에 들어있는 numpy 데이터를 보려면 **DataFrame이름.values**으로 확인할 수 있다.

```
data_f1.index
```

RangeIndex(start=0, stop=5, step=1)

DataFrame 중에 원하는 열을 보려면 점 뒤에 해당 인덱스명을 입력하면 된다.

```
data_f1.GDP
```

```
0    24288
1    26084
2    26689
3    26338
4    28210
Name: GDP, dtype: int64
```

13.3 DataFrame의 인덱싱 및 슬라이싱

그림 13.2과 같은 **DataFrame**을 만들고 출력한다. **index**는 행의 레이블이고, **columns**은 열의 레이블이다.

		Columns List		
		col_0	col_1	col_2
i n d e x	row_0	1	2	3
	row_1	4	5	6
	row_2	7	8	9
	row_2	10	11	12

그림 13.2 | index와 columns 설명

```
data_f5=pd.DataFrame([[1,2,3],[4,5,6],[7,8,9],[10,11,12]],
        index=['row_0', 'row_1','row_2','row_3'],
        columns=['col_0','col_1','col_2'])
data_f5
```

	col_0	col_1	col_2
row_0	1	2	3
row_1	4	5	6
row_2	7	8	9
row_3	10	11	12

(1) loc

DataFrame명.loc['인덱스명']은 레이블의 사용한 값으로 접근한다. 레이블 값 기반의 2차원 인덱싱이다. 다음은 행의 레이블로 인덱싱할 수 있다. 행을 선택하는 것은 **DataFrame**의 행에 해당하는 **Series**를 반환한다. 대괄호 []는 레이블이나 위치정수를 활용하여 인덱싱 한다.

```
data_f5.loc[['row_1','row_2']]
```

	col_0	col_1	col_2
row_1	4	5	6
row_2	7	8	9

다음은 열의 레이블로 인덱싱할 수 있다. 아래 예제 코드에서 콜론 :은 모든 행을 인덱싱 한다는 의미이다.

```
data_f5.loc[:, ['col_1','col_2']]
```

	col_1	col_2
row_0	2	3
row_1	5	6
row_2	8	9
row_3	11	12

다음은 행과 열의 레이블 지정하여 인덱싱 한다.

```
data_f5.loc[['row_1','row_2'], ['col_1','col_2']]
```

	col_1	col_2
row_1	5	6
row_2	8	9

다음은 행과 열의 불을 지정하여 인덱싱 한다. 불 벡터를 이용하여 참일 값들만 인덱싱 한 다. **Series**에 적용 시 **Series**를 **DataFrame**에 적용하면 **DataFrame**을 반환한다.

```
data_f5.loc[[False,True, False,True],[True, False,True]]
```

	col_0	col_2
row_1	4	6
row_3	10	12

(2) .iloc

DataFrame명.iloc[위치 정수]은 행과 열의 조합으로 접근한다. 순서를 나타내는 정수 기반의 2차원 인덱싱이다. 그림 12.3과 같이 행은 가로방향, 열은 세로방향이고, 행과 열 지정을 정수로 할 수 있고 행과 열은 0부터 시작한다.

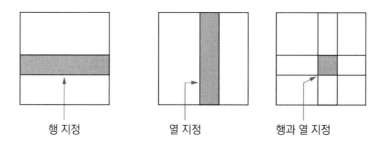

행 지정   열 지정   행과 열 지정

그림 13.3 | 행, 열, 행과 열 지정 설명

다음은 0-번, 1-번, 2-번째 열을 인덱싱 하였다. 콜론 :은 모든 행을 포함한다는 의미이다.

```
data_f5.iloc[:, [0,1,2]]
```

	col_0	col_1	col_2
row_0	1	2	3
row_1	4	5	6
row_2	7	8	9
row_3	10	11	12

원하는 행과 열의 인덱스 숫자를 대괄호 [] 안에 입력하여 인덱싱 한다.

```
data_f5.iloc[[1,2], [1,2]]
```

	col_1	col_2
row_1	5	6
row_2	8	9

다음 예제에서 콜론 :을 이용하여 행과 열 번호로 입력하여 인덱싱 한다. 파이썬에서와 같이 행과 열의 시작은 0부터 시작한다.

```
data_f5.iloc[2:4,1:3]
```

	col_1	col_2
row_2	8	9
row_3	11	12

다음은 불로 행과 열은 선택하여 인덱싱 한다. 행과 열이 참일 때만 값을 반환한다.

```
data_f5.iloc[[False,True,False,True], [True,False,True]]
```

	col_0	col_2
row_1	4	6
row_3	10	12

13.4 pandas 자료를 이용한 그림 그리기

먼저 필요한 라이브러리(NumPy, pandas, matplotlib)를 불러오고 **Series**를 만든다. **pd.date_range()**를 이용하여 시작일과 기간을 입력하면 범위 내의 인덱스를 생성해 준다.

```
import pandas as pd
import numpy as np
import matplotlib.pyplot as plt
time_s = pd.Series(np.random.randn(1000),
            index=pd.date_range('1/1/2000', periods=1000))
time_s
```

```
2000-01-01   -1.891908
2000-01-02   -1.619550
2000-01-03    0.667318
2000-01-04    1.236491
2000-01-05    0.798730
                ...
2002-09-22   -0.654009
2002-09-23    0.292610
2002-09-24    0.595246
2002-09-25   -1.339525
2002-09-26    1.434567
Freq: D, Length: 1000, dtype: float64
```

cumsum()의 기본 값은 0이고 각 열에서 열의 성분을 행의 방향으로 합한 값을 반환한다.

```
time_s = time_s.cumsum()
time_s
```

```
2000-01-01    -1.891908
2000-01-02    -3.511457
2000-01-03    -2.844139
2000-01-04    -1.607649
2000-01-05    -0.808919
                 . . .
2002-09-22   -24.203008
2002-09-23   -23.910398
2002-09-24   -23.315152
2002-09-25   -24.654677
2002-09-26   -23.220110
Freq: D, Length: 1000, dtype: float64
```

pandas의 **Series**나 **DataFrame**은 **plot**이라는 시각화 함수를 내장하고 있고 **plot**은 matplotlib를 내부에서 불러와서 사용한다.

```
time_s.plot()
```

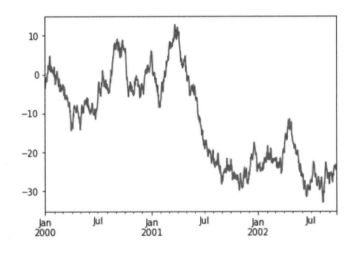

인덱스는 앞에서 만든 **Series**를 이용하여 1000x4 배열 **DataFrame**을 만든다. **np.random. randn()**은 기댓값이 0이고 표준편차가 1인 가우시안 표준 정규 분포를 따르는 난수를 생성한다. 숫자 인수는 생성할 난수의 크기이다. 여러 개의 인수를 넣으면 해당 크기를 가진 행렬을 생성한다.

```
data_f6 = pd.DataFrame(np.random.randn(1000, 3), index=time_s.index,
                columns=['col_0', 'col_1', 'col_2'])
print(data_f6)
```

```
              col_0      col_1      col_2
2000-01-01   0.676431  -0.877235  -0.488440
2000-01-02  -0.361160   0.447393  -0.467726
2000-01-03   1.123592   0.201191  -0.383765
2000-01-04   0.619809   0.498621  -0.383862
2000-01-05  -0.083892  -1.111884   0.160916
...               ...        ...        ...
2002-09-22   1.516946   0.615139   0.411023
2002-09-23   1.065892   0.988374   1.371054
2002-09-24   1.095732  -0.735112   0.276930
2002-09-25  -1.430664  -1.208556   1.308878
2002-09-26   1.186642   0.639813   0.011453

[1000 rows x 3 columns]
```

DataFrame의 data_f6을 **cumsum()** 이용하면 다음과 같은 값으로 반환된다.

```
data_f6 = data_f6.cumsum()
print(data_f6)
```

```
              col_0       col_1      col_2
2000-01-01   0.676431   -0.877235  -0.488440
2000-01-02   0.315271   -0.429842  -0.956166
2000-01-03   1.438863   -0.228651  -1.339931
2000-01-04   2.058672    0.269971  -1.723793
2000-01-05   1.974780   -0.841913  -1.562877
...               ...         ...        ...
2002-09-22  -6.602814  -42.133544  -0.284868
2002-09-23  -5.536922  -41.145170   1.086186
2002-09-24  -4.441190  -41.880282   1.363116
2002-09-25  -5.871854  -43.088837   2.671993
2002-09-26  -4.685212  -42.449024   2.683446

[1000 rows x 3 columns]
```

DataFrame의 data_f6을 **plot**하면 다음과 같은 그림이 그려진다.

```
data_f6.plot()
plt.xlabel('Date')
plt.legend(loc='best')
```

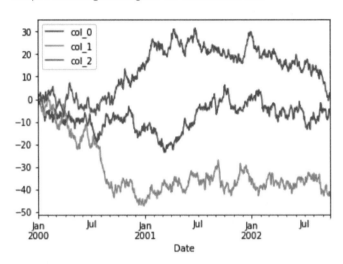

<matplotlib.legend.Legend at 0x2489d007608>

13.5 외부 데이터 읽고 쓰기

pandas는 csv 파일, 텍스트 파일, 엑셀 파일, SQL 데이터베이스, HDF5 포맷 등 다양한 외부 리소스에 데이터를 읽고 쓸 수 있는 기능을 제공한다.

- SQL(Structured Query Language, 구조화 질의어)
  : 데이터베이스에 사용하는 언어
- HDF5(hierarchical data formats, 계층적 데이터 형식)
  : 대용량 데이터를 저장하기 위한 오픈소스 파일형식

01 데이터를 엑셀 파일(.xlsx)을 만든다.

02 엑셀파일에서 txt 파일로 저장 : 그림 13.4와 같이 메뉴/내보내기/파일 형식 변경 /텍스트(탭으로 분리)(*.txt)으로 data.txt파일로 저장한다.

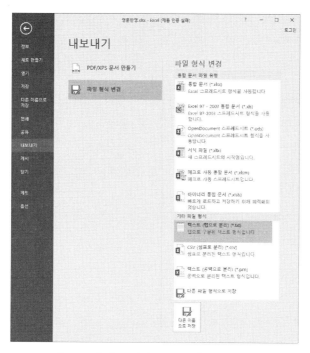

그림 13.4 | 텍스트(탭으로 분리)로 파일 저장

03 pandas csv 파일 불러오기 : 일반적으로 csv 파일을 **data=pd.read_csv(파일경로\' 파일명.csv', sep = ",", , encoding = "인코딩방식")** 방법으로 불러온다. 여기서 **sep = ","** 는 데이터가 콤마(,)로 만들어진 .csv 파일이고, **encoding = "인코딩방식"**는 글자를 읽어 오는 방식을 지정한다. MS 오피스에서 저장한 파일인 경우 "cp949"로 하고, 기본값은 국제 표준 "utf-8" 을 사용하게 된다.

04 pandas로 txt 파일 불러오기 : 일반적으로 txt 파일을 **data = pd.read_csv(파일경 로\'파일명.txt', sep = "\t", , engine='python', encoding = "cp949")** 방법으로 불러온다. 여기서 **sep = "\t"** 은 데이터가 tab으로 만들어진 .txt 파일이고, **engine = "python"** 파이썬 언어를 사용하고, encoding = "cp949" MS 오피스 방식임을 알린다.

그리고, CSV 파일을 읽고 쓰기 위해서는 아래와 같이 **read_csv()** 와 **to_csv()** 함수를 사용할 수 있다.

```
import pandas as pd
df = pd.read_csv('C:\Temp\Test.csv')  # csv 읽기
df.to_csv('C:\Temp\data.csv')  # csv 쓰기
```

05 pandas의 **read_excel()** 함수를 사용하여 엑셀 파일을 읽어 와서 **DataFrame**으로 만드는 방법을 나타내었다. 경북 영주 연도별, 월별 강수량을 나타낸 엑셀파일이다.

```
import pandas as pd

data=pd.read_excel('D:/work/jupyter/test.xlsx')
data=pd.DataFrame(data)
data.head(5)
```

	Year	Jan	Feb	Mar	Apr	May	Jun	Jul	Aug	Sep	Oct	Nov	Dec
0	1973	84.5	14.7	6.4	115.3	161.2	162.9	99.0	84.6	141.6	55.9	20.7	4.7
1	1974	10.7	17.3	52.5	191.1	226.0	87.9	354.4	116.4	65.7	43.2	14.8	39.9
2	1975	9.7	12.0	103.8	120.9	111.5	105.9	265.0	80.9	302.5	69.6	46.8	20.9
3	1976	0.0	85.5	34.7	60.2	23.0	108.7	98.2	399.2	19.9	55.8	18.4	25.6
4	1977	1.3	0.0	48.4	211.9	41.2	143.6	145.8	99.7	95.2	35.2	67.7	31.3

06 **plot()** 함수를 사용하여 **DataFrame**의 데이터를 그림을 그릴 수 있고, 종류는 bar, line, hist 등이 있다. 축 객체를 다시 사용하기 위해 **plt.gca()**를 사용하고, 그림을 파일로 저장하기 위해 **plt.show()** 대신에 **plt.savefig('outputfile.png')**으로 파일을 저장할 수 있다.

```
import matplotlib.pyplot as plt
ax = plt.gca() # get current axis

data.plot(kind='line',  y='Jan', color='red', ax=ax)
data.plot(kind='line', y='Feb', ax=ax)
plt.xlabel('Year')
plt.ylabel('Rainfall[mm]')
plt.savefig('output.png') # plot saved to 'output.png'
```

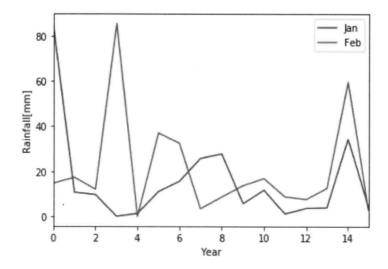

실험제목	실습 ( )		
학과/학년		학 번	확인
이 름		실 험 반	
실습일자		담당교수	

13.1 pandas를 이용한 코딩에서 다음 코드의 각 줄에 주석을 붙이고 결과를 첨부한다.

```python
import pandas as pd

d={'Jan':pd.Series([1,2,3], index=['2000','2001','2002']),
  'Feb':pd.Series([4,5,6,7], index=['2000','2001','2002','2003']) }
df=pd.DataFrame(d)
print(df)
```

```python
df['Mar']=pd.Series([8,9,10,11], index=['2000','2001','2002','2003'])
print(df)
```

```python
df['Apr']=df['Jan']+df['Feb']
print(df)
```

```python
del df['Jan']
print(df)
```

13.2 NumPy와 pandas를 이용하여 t, $\sin t$, $\cos t$을 열로 하는 **DataFrame**을 만드는 프로그램을 만들어 각 줄에 주석을 붙이고 결과를 첨부한다.

13.3 기상청 기상자료개방포털(data.kma.go.kr/stcs/grnd/grndRnDmap.do?pgmNo=207)에서 서울시의 연도별 월별에 따른 강수량(mm)을 csv 파일명으로 seoul_precipl.csv 만든다. 그런 후 **DataFrame**을 만들어 각 줄에 주석을 붙이고 결과를 첨부한다.

13.4 pandas를 이용한 DataFrame 코딩에서 다음 코드의 각 줄에 주석을 붙이고 결과를 첨부한다.

```python
import pandas as pd
import matplotlib.pyplot as plt

df = pd.DataFrame({
  'surname':['jeong','lee','jeon','min','hong','kwon','seol'],
  'age':[21,68,25,17,43,35,27],'gender':['F','M','M','F','M','F','M'],
  'city':['daegu','yeongju','seoul','daegu','daegun','kwangju','seoul'],
  'num_children':[1,1,2,4,1,1,3],'num_pets':[2,1,2,3,0,2,1]})
df
```

```python
ax = plt.gca()

df.plot(kind='line',x='surname',y='num_children',ax=ax)
df.plot(kind='line',x='surname',y='num_pets', color='red', ax=ax)
plt.figure(figsize=(10,2))
plt.show()
```

```python
df.groupby(['gender','city']).size().unstack().plot(kind='bar',
          stacked=True)
plt.show()
```

```python
df.groupby(['city','gender']).size().unstack().plot(kind='bar',
          stacked=True)
plt.show()
```

13.5 본 실습에서 느낀 점을 기술하고 추가한 실습 내용을 첨부하여라.

14 SymPy와 SciPy

14.1 SymPy

SymPy(SYMbolic Python, 심파이)는 인수분해, 미분, 적분 등 기호 계산을 위한 오픈 소스 파이썬 라이브러리이다. SymPy는 파이썬의 Mathematica와 같은 심볼릭 연산 기능을 넣기 위해 시작하였다. 심파이 라이브러리를 불러와서 수식 출력을 LaTex 수식으로 보이게 한다.

SymPy는 대수학 연산(Expand, Simplify), 미적분학(극한, 미분, 급수전개, 적분), 방정식 해, 선형대수(행렬, 미분방정식) 등의 주요 기능을 가진다.

(1) 실수

Rational(분자, 분모) 함수는 유리수를 분수로 나타내고 원주율은 **pi**로 표기하며, **N()** 함수는 수치값으로 계산하고, **evalf()** 메소드로 수치 값을 계산한다.

```
from sympy import *
init_printing()
Rational(2,3)
```

$$\frac{2}{3}$$

```
pi
```

$$\pi$$

```
N(pi)
```

3.14159265358979.

```
pi.evalf()
```

3.14159265358979

(2) expand()

expand() 함수는 수식을 전개하고, **factor()** 함수는 수식을 인수분해 한다.

```
import sympy
x,y=sympy.symbols('x y')
f1=x+y
f2=x**3+3*x**2*y+3*x*y**2+y**3
(f1**2).expand()
```

$$x^2 + 2xy + y^2$$

```
(f2).factor()
```

$$(x + y)^3$$

(3) 2차 방정식 근

이차방정식 $ax^2 + bx + c = 0$의 근의 공식을 구해본다.

```
a,b,c=symbols('a,b,c')
f=Eq(a*x**2+b*x+c,0)
f
```

$$ax^2 + bx + c = 0$$

```
solve(f, x)
```

$$\left[\frac{-b + \sqrt{-4ac + b^2}}{2a}, \ -\frac{b + \sqrt{-4ac + b^2}}{2a} \right]$$

복소수 근도 구해진다.

```
solve(Eq(x**2,-4),x)
```

$[-2i, \ 2i]$

(4) 미분

diff() 함수로 도함수를 구한다. 2차 도함수, 3차 도함수는 마지막 인자에 x의 개수 혹은 숫자로 기입하여 구할 수 있다. 다음 예제는 $\sin x$, x^3을 미분하고 편도함수 $\frac{\partial^2}{\partial x \partial y}(x^3 y + xy^2)$를 구하는 결과를 나타내었고 편도함수는 미분의 순서에 관계가 없다.

```
diff(sin(x),x)
```

$\cos(x)$

```
diff(x**3, x,x)
```

$6x$

```
diff(x**3, x,3)
```

6

```
diff(y*x**3+x*y**2, x, y)
```

$$3x^2 + 2y$$

함수 $f(x) = \sqrt{x} + 2xy$를 정의하고 x에 대해 미분한 결과를 나타낸다.

```
import sympy
x, y = sympy.symbols("x y")
f = sympy.sqrt(x) + y*x**2
print(f)
```

```
sqrt(x) + x**2*y
```

```
print("f의 미분={}".format(sympy.diff(f, x)))
```

```
f의 미분=2*x*y + 1/(2*sqrt(x))
```

(5) 적분

integrate() 함수로 부정적분을 수행하며, 적분상수는 따로 출력되지 않는다. 정적분 $\int_0^1 6x^2 dx$을 구할 때는 적분범위는 두 번째 인자로 설정한다. 무한대는 소문자 o를 두개 사용하여 oo 로 나타낸다. 이중적분 $\int_{-\infty}^{\infty} \int_{-\infty}^{\infty} e^{-(x^2+y^2)} dx dy$도 구할 수 있다.

다음 예제는 $1/x$의 부정적분, $6x^2$의 0~2 범위 정적분, e^{-x^2}의 0~∞까지 정적분, $e^{-(x^2+y^2)}$의 x와 y가 -∞~∞까지 일 때 정적분 한 결과를 나타내었다.

```
integrate(1/x,x)
```

$$\log(x)$$

```
integrate(6*x**2,(x,0,2))
```

16

```
integrate(exp(-x**2),(x,0,oo))
```

$$\frac{\sqrt{\pi}}{2}$$

```
integrate(exp(-x**2-y**2),(x,-oo,oo),(y,-oo,oo))
```

π

정적분 $\int_0^\pi \sin(x)dx$을 구할 때는 다음과 같이 적분변수와 구간을 함께 명시하면 된다.

```
import math
x, y = sympy.symbols("x y")
f = sympy.sin(x)
```

```
print("f의 정적분={}".format(sympy.integrate(f, (x,0,math.pi))))
```

f의 정적분=2.00000000000000

(6) 근 구하기

solve() 함수는 정의된 함수의 근을 구할 수 있다. 함수 $f(x)=(x-2)x(x+2)$의 근은 -2, 0, 2이다.

```
from sympy import *
x= sympy.symbols("x")
f = (x-2)*x*(x+2)
a=solve(f)
print(a)
```

[-2, 0, 2]

(7) Matrix() 함수

Matrix() 함수로 행렬을 만들고, 단위 행렬은 **eye()** 함수로, 행렬의 곱은 **A * B**으로 계산할 수 있다.

```
A = Matrix( [[1,2,3],[4,5,6],[7,8,9]] )
```

```
A
```

$$\begin{bmatrix} 1 & 2 & 3 \\ 4 & 5 & 6 \\ 7 & 8 & 9 \end{bmatrix}$$

```
eye(3)
```

$$\begin{bmatrix} 1 & 0 & 0 \\ 0 & 1 & 0 \\ 0 & 0 & 1 \end{bmatrix}$$

```
A*eye(3)
```

$$\begin{bmatrix} 1 & 2 & 3 \\ 4 & 5 & 6 \\ 7 & 8 & 9 \end{bmatrix}$$

행렬의 원소를 기호로 표기하여 **det()** 함수로 행렬식으로, **inv()** 함수로 역행렬을 수식적으로 다룰 수 있다.

```
a11, a12, a21, a22 = symbols('a11, a12, a21, a22')
A = Matrix( [[a11, a12],[a21, a22]] )
A
```

$$\begin{bmatrix} a_{11} & a_{12} \\ a_{21} & a_{22} \end{bmatrix}$$

```
A.det()
```

$$a_{11}a_{22} - a_{12}a_{21}$$

```
A.inv()
```

$$\begin{bmatrix} \dfrac{a_{22}}{a_{11}a_{22}-a_{12}a_{21}} & -\dfrac{a_{12}}{a_{11}a_{22}-a_{12}a_{21}} \\ -\dfrac{a_{21}}{a_{11}a_{22}-a_{12}a_{21}} & \dfrac{a_{11}}{a_{11}a_{22}-a_{12}a_{21}} \end{bmatrix}$$

(8) 연립방정식 해

연립방정식, $2x - y = 5$, $x - y = 2$을 방정식과 변수를 리스트로 묶어서 인수를 전달하거나 튜플로 묶어 결과를 얻는다.

행렬로 나타내면 $Ax = b$이고 해는 $x = A^{-1}b$이다.

```
from sympy import *
init_printing()
x, y = symbols("x y")
solve([2*x-y-5, x-y-2], [x,y])
```

$$\{x : 3, \ y : 1\}$$

```
from sympy import *
A=Matrix([[2,-1], [1,-1]])
b=Matrix([5,2])
x=A.inv()*b
x
```

$$\begin{bmatrix} 3 \\ 1 \end{bmatrix}$$

14.2 SciPy

　　SciPy(SCIentific Python, 사이파이)는 수학, 과학, 공학 분야에 쓰이는 계산용 함수를 모아놓은 파이썬 패키지이다. SciPy는 고성능 선형대수, 함수 최적화, 신호처리, 특수한 수학 함수와 통계 분포 등을 포함한 많은 기능을 제공하고 참고 사이트는 www.scipy.org/scipylib이다. 표 14.1은 SciPy가 제공하는 하위 모듈을 나타내고 있다.

표 14.1 | SciPy가 제공하는 하위 모듈 종류

하위 모듈	설명
scipy.cluster	군집화(벡터 양자화/ Kmeans)
scipy.constants	물리학 및 수학 상수
scipy.fftpack	푸리에 변환
scipy.integrate	통합 알고리즘
scipy.interpolate	보간법
scipy.io	데이터 입출력
scipy.linalg	선형 대수학 함수
scipy.ndimage	n-차원 이미지 패키지
scipy.odr	직교 회기 방정식에서 거리
scipy.optimize	최적화
scipy.signal	신호처리
scipy.sparse	희소행렬
scipy.spatial	공간 자료 구조 및 알고리즘
scipy.special	특수 수학 함수
scipy.stats	통계학

　　NumPy와 SciPy는 서로 떨어질 수 없을 정도로 밀접한 관계에 있으며 SciPy를 활용할 때에는 상당히 많이 NumPy를 이용하게 된다. 그리고 Scikit-learn은 알고리즘을 구현할 때 SciPy의 여러 함수를 사용한다. 그 중에서 가장 중요한 기능은 **scipy.sparse**이고 이 모듈은 scikit-learn에서 데이터를 표현하는 또 하나의 방법인 희소행렬 기능을 제공한다.

SciPy는 수치해석을 NumPy를 이용하여 보다 본격적으로 이용할 수 있게 해 준다. SciPy를 이용하면 NumPy만으로는 길게 코딩해야 하는 기법들을 짧은 줄에 구현할 수 있다. 게다가 NumPy로 구현하기 어려운 것들도 SciPy로는 쉽게 결과를 얻을 수 있다. 따라서 NumPy와 SciPy를 적절하게 혼용하게 되면 더욱 효율이 좋아진다.

(1) scipy.constants(docs.scipy.org/doc/scipy/reference/constants.html)

물리 및 수학 상수로써 원주율(π), 자연대수(e)와 같은 특별상수는 **scipy.xxx**, 광속도 (c)와 같은 기타상수는 **scipy.constants.xxx**으로 나타낸다.

```
import scipy as sp
sp.pi
```

3.141592653589793

```
import scipy.constants
sp.constants.c
```

299792458.0

(2) scipy.special(docs.scipy.org/doc/scipy/reference/special.html)

특수 수학 함수로써 Erf, Logit, Gamma, Beta, Bessel, Legendre 함수 등을 포함하고 있다. $expit(x) = 1/(1 + e^{-x})$는 로지스틱 시그모이드 함수이다. logit 함수의 역이다.

```
import matplotlib.pyplot as plt
from scipy.special import expit, logit
import numpy as np
x = np.linspace(-10, 10, 1000)
y = expit(x)
plt.plot(x, y)
plt.title("logistic sigmoid function")

plt.grid()
plt.xlabel('x')
plt.show()import scipy.integrate
func= lambda x: x**2
integ_val = scipy.integrate.quad(func, 0, 5)
print (integ_val)
```

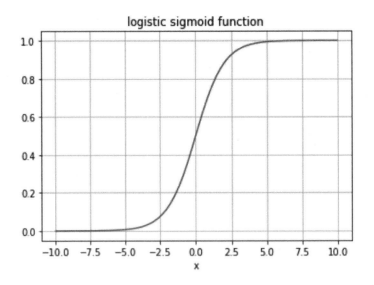

(3) scipy.integrate(docs.scipy.org/doc/scipy/reference/tutorial/integrate.html)

상미분방정식의 적분기가 포함된 여러 적분기법을 제공한다. **quad** 함수는 두 점 사이 한 변수에 대해 적분하고, 매개변수는 람다함수를 사용하였다. 반환값은 튜플이고 첫 번째 요소는 적분값, 오류의 상한값을 나타낸다. 아래는 x^2함수를 0과 5범위에서 적분을 나타낸다.

```
import scipy.integrate
func= lambda x: x**2
integ_val = scipy.integrate.quad(func, 0, 5)
print (integ_val)
```

(41.66666666666666, 4.625929269271485e-13)

(4) scipy.linalg(docs.scipy.org/doc/scipy/reference/linalg.html)

이 모듈은 표준 선형대수 연산(행렬식, 역행렬, 놈 연산 등), 행렬분해, 지수/로그/삼각 함수도 제공하고 선형방정식, 선형 최소제곱법에 유용한 함수도 있다. **scipy.linalg.det()** 은 사각행렬의 행렬식(determinant)을 계산하고 **scipy.linalg.inv()** 은 역행렬을 구한다.

```
from scipy import linalg
array1 = np.array([[3, 4],[5, 6]])
linalg.det(array1)
```

−2.0

```
iarray = linalg.inv(array1)
iarray
```

```
array([[-3. ,  2. ],
       [ 2.5, -1.5]])
```

(5) scipy.interpolate(docs.scipy.org/doc/scipy/reference/interpolate.html)

실험 데이터와 측정점이 없는 점으로부터 함수를 맞추는데 유용하다. 코사인함수에 잡음을 추가한 파형을 생각한다.

```
input_time = np.linspace(0, 1, 10)
noise = (np.random.random(10)*2 - 1) * 1e-1
output = np.cos(2 * np.pi * input_time) + noise
```

scipy.interpolate.interp1d는 선형 보간함수를 만든다.

```
from scipy.interpolate import interp1d
linear_interp = interp1d(input_time, output)
```

관심 있는 시간 영역에서 선형 보간한 결과를 나타내고, 3차 보간을 위해 **kind='cubic'**를 선택한다.

```
interp_time = np.linspace(0, 1, 200)
linear_output = linear_interp(interp_time)
cubic_interp = interp1d(input_time, output, kind='cubic')
cubic_output = cubic_interp(interp_time)
```

실험 데이터와 선형보간법, 3차 보간법에 의한 그림을 그린다. 동그란 점들은 10개의 실험 데이터를 나타낸다.

```python
import matplotlib.pyplot as plt
plt.grid()
plt.plot(input_time,output,'o',interp_time,linear_output,'-',
        interp_time,cubic_output,'--')
plt.legend(['data', 'linear', 'cubic'])
plt.show()
```

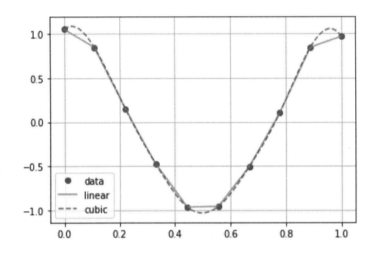

(6) scipy.stats(docs.scipy.org/doc/scipy/reference/tutorial/stats.html)

선형회귀에서 기울기와 절편을 추정하는 과정도 포함되어 있다. **linegress** 함수는 기울기, 절편, 상관관계, 기울기가 0일 양측 유의확률, 추정값의 표준오차를 출력한다. 데이터 쌍이 주어졌을 때 기울기(weight)와 절편(bias)을 구하였다. **mymodel=list(map (myfunc, x))** 함수를 통해 x 배열의 값을 작동시킨다. 이것은 y-축의 새로운 값을 가진 새로운 배열이 만들어진다.

```
from scipy import stats
import matplotlib.pyplot as plt
x=[1,2,3,4,5,6,7,8,9]
y=[2,4,5,6,5,8,9,7,8]
weight, bias, r_value, p_value, std_err=stats.linregress(x,y)
def myfunc(x):
    return weight*x+bias
mymodel=list(map(myfunc,x))
print("weght=",round(weight,3),"bias=",round(bias,3))
```

weght= 0.717 bias= 2.417

원래 데이터의 산점도에서 **plt.plot(x, mymodel)**으로 선형 회귀의 선을 그린다.

```
plt.grid()
plt.xlabel('x')
plt.plot(x,y,'o')
plt.plot(x,mymodel)
plt.show()
```

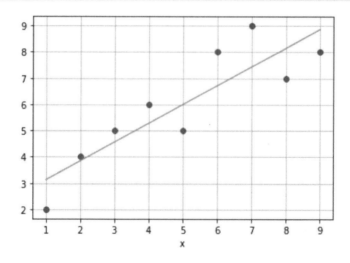

(7) scipy.fftpack

scipy.fftpack.fft()는 FFT 계산하고, **scipy.fftpack.fftfreq()**는 샘플링 주파수를 발생하고 **scipy.fftpack.ifft()**는 주파수공간에서 시간공간으로 역 FFT를 계산한다. 참고자료는 docs.scipy.org/doc/scipy/reference/fftpack.html#module-scipy.fftpack이다.

두 사인파를 합한 합성파의 1차원 이산 푸리에 변환을 하면 수평축에 100도와 200도
에 피크가 나온다.

```
from scipy.fftpack import fft
N = 500
T = 1.0 / 500.0
x = np.linspace(0.0, N*T, N)
y = np.sin(100.0 * 2.0*np.pi*x) + np.sin(200.0 * 2.0*np.pi*x)

yf = fft(y)
xf = np.linspace(0.0, 1.0/(2.0*T), N//2)
import matplotlib.pyplot as plt

plt.plot(xf, 2.0/N * np.abs(yf[0:N//2]))
plt.show()
```

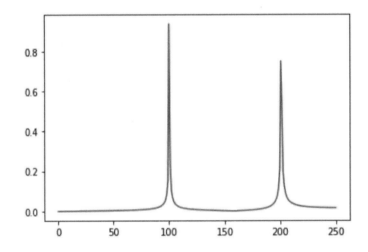

(8) 보드선도

scipy.signal은 합성곱, 스플라인 함수, 필터링, 필터설계, 연속시간 선형시스템(**lti** 포
함), 이산 시간 선형시스템, 파형, 창 함수, 그리고 스펙트럼분석 등의 기능을 포함하고
있고 자세한 내용은 사이트 docs.scipy.org/doc/scipy/reference/signal.html를 참고하길
바란다.

```
lti(*system) : continuous-time linear time invariant system base class
```

LTI(Linear Time Invariance) 시스템의 주파수 영역을 해석하고자 할 때 보드선도 (Bode plot)를 사용하여 주파수 응답 특성을 관찰한다. 보드선도는 수평축은 log(로그) 주파수로 하고 수직축은 크기(magnitude)는 dB로, 위상(phase)은 각도(°)로 표현한다. 식 (14-1)과 같은 시스템의 전달방정식은 입력과 출력 전압 비에 20log를 취한

$$H(s) = 20\log_{10}\left(\frac{V_{out}}{V_{in}}\right) \quad [\text{dB}] \tag{14-1}$$

이고 −3dB($= 10\log_{10}(1/2)$)라는 말은 전력이 0.5배로 줄었다는 의미이다.

식 (14-2)와 같이 1-차의 단순한 극점 시스템의 전달 방정식이고 분모에 근을 하나 가지는 경우 극점(pole)이 하나 있다. 1차의 간단한 극점을 가지는 시스템의 이득은 1이고, 차단주파수 w_c이고 그 점에서 시스템은 최고값에서 3dB 떨어진다. 저주파수에서 0dB이고 차단주파수 이후 기울기가 −20dB/decade씩 줄어든다. 위상특성은 차단주파수에서 각도가 − 45^o이고 저주파수에서 0°, 고주파수에서 − 90^o이다.

$$H(s) = \frac{1}{\dfrac{1}{w_c}s + 1} \tag{14-2}$$

signal의 **lti**를 이용해서 signal의 **bode** 명령으로 주파수축(w)과 크기(mag), 위상 (phase)을 얻을 수 있다. 첫 번째 대괄호 안에는 분자의 계수를 두 번째 대괄호 안에는 분모의 계수인 숫자를 적는다. 이득은 10이므로 차단주파수는 1,000[rad/s]인 경우 코드를 나타내었고 크기와 위상을 표현하면 x축이 log scale이어서 **semilogx**라는 명령으로 **plot**을 한다.

```
# 1st order low-pass filter: H(s) = 10000 / (s + 1000)
from scipy import signal
import matplotlib.pyplot as plt

s1 = signal.lti([10], [0.001, 1])
w, mag, phase = signal.bode(s1)

plt.subplot(2,1,1)
plt.semilogx(w, mag)    # Bode magnitude plot
plt.xlabel('frequency [rad/s]')
plt.ylabel('Magnitude[dB]')
plt.grid()
plt.title('Bode plot')

plt.subplot(2,1,2)
plt.semilogx(w, phase)  # Bode phase plot
plt.xlabel('frequency[rad/s]')
plt.ylabel('Phase [deg]')
plt.grid()
plt.show()
```

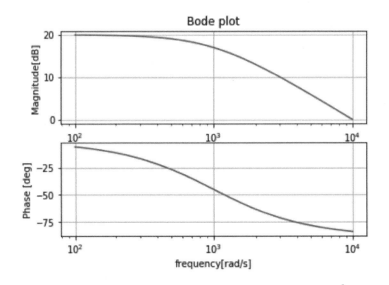

이공학을 위한 **파이썬 실습 보고서**

실험제목	실습 (　　)			확인
학과/학년		학　번		
이　름		실 험 반		
실습일자		담당교수		

14.1 SymPy를 이용하여 다음을 구하는 코딩을 하고 결과를 첨부한다.

(a) $x^2 + \cos x + 1$ 적분

(b) $x^2 + \cos x + 1$ 미분

(c) $x^3 + 2x^2 + 4x + 8$의 해

(d) $\sqrt{200}\, e^{10}$을 20자리까지 나타내다.

14.2 NumPy와 SymPy를 불러와서 만든 코딩에서 다음 코드의 각 줄에 주석을 붙이고 결과를 첨부하며 차이점을 기록한다.

```
import numpy as np #
from sympy.matrices import Matrix #

A = np.array([[1, 2, 3],[4, 5, 6],[7, 8, 9]]) #
B = Matrix([[3, 2, 1],[6, 5, 4],[9, 8, 7]]) #

print("A=", A) #
print("B=", B) #

display(A) #
display(B) #

display (Matrix(np.dot(A, np.array(B)))) #
display(Matrix(A)*B) #

display(Matrix(np.transpose(A))) #
display(Matrix(A.T)) #
```

14.3 SciPy를 이용하여 공부한 시간 배열, x=[1, 2, 4, 6, 8]에 대한 영어점수 배열, y=[61, 81, 93, 91, 93] 일 때 선형회귀에 의한 그림을 그려 기울기와 절편을 구하는 코딩을 하고 각 줄마다 주석을 붙이고 결과를 첨부한다.

14.4 SciPy를 이용하여 시스템의 전달방정식 $H(s) = 10s + 0.05$일 때 보드선도를 그리는 코딩을 하고 각 줄마다 주석을 붙이고 결과를 첨부한다.

14.5 본 실습에서 느낀 점을 기술하고 추가한 실습 내용을 첨부하여라.

파이썬 응용

CHAPTER 15_**응용 프로그램**

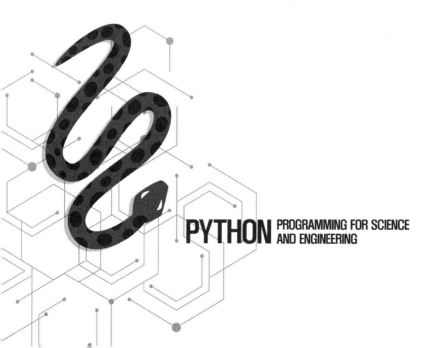

PYTHON PROGRAMMING FOR SCIENCE
AND ENGINEERING

15 응용 프로그램

15.1 각도 변환

(1) 각도 도(°)를 라디안(rad)으로 변환

각도 도(°)를 라디안(rad)으로 변환하는 공식은

$$\theta_{radian} = \frac{\pi}{180}\theta_{degree} \tag{15-1}$$

이고, 여기서 θ_{degree}는 각도 도이고, θ_{radian}는 라디안 각도이다.

01 $\theta_{degree} = 180\,°$일 때 라디안 각도를 구하는 프로그램이다.

```
# Convert an angle from degrees to radians using formular.
from math import pi
theta_degree = 180
theta_radian = pi / 180.0 * theta_degree
theta_radian
```

3. 141592653589793

```
# Convert an angle from degrees to radians using function definition.
from math import pi
def degrees_to_radians(theta_degree):
    theta_radian = pi / 180.0 * theta_degree
    return theta_radian
```

```
angle = degrees_to_radians(180)
```

```
angle
```

3.141592653589793

02 **while**문을 이용하여 각도 $0^o, 15^o, 30^o, 45^o, 60^o, 75^o, 90^o$을 라디안 각도로 바꾸는 프로그램이다.

```
theta_degree = 0.0
while theta_degree <= 90.0:
    print(degrees_to_radians(theta_degree))
    theta_degree = theta_degree + 15.0
```

0.0
0.2617993877991494
0.5235987755982988
0.7853981633974483
1.0471975511965976
1.3089969389957472
1.5707963267948966

03 괄호로 묶지 않고 값만 콤마로 구분한 튜플 순차 정수 데이터와 for문을 이용하여 각도 $15^o, 30^o, 45^o, 60^o, 75^o, 90^o$을 라디안 각도로 바꾸는 프로그램이다.

```
steps = 1, 2, 3, 4, 5, 6
for n in steps:
    print(degrees_to_radians(15*n))
```

```
0.2617993877991494
0.5235987755982988
0.7853981633974483
1.0471975511965976
1.3089969389957472
1.5707963267948966
```

04 각도를 나타내는 정수 튜플 데이터와 for문을 이용하여 각도 $15^o, 30^o, 45^o,$ $60^o, 75^o, 90^o$을 라디안 각도로 바꾸는 프로그램이다.

```
angles = 15.0, 30.0, 45.0, 60.0, 75.0, 90.0
for angle in angles:
    print(degrees_to_radians(angle))
```

```
0.2617993877991494
0.5235987755982988
0.7853981633974483
1.0471975511965976
1.3089969389957472
1.5707963267948966
```

(2) 화씨온도와 섭씨온도 변환

우리나라는 섭씨온도(Celcius, ℃)를 사용하고 미국은 화씨온도를 사용한다. 화씨온도 (Fahrenheit, ℉)와 섭씨온도는 다음 식으로 변환된다.

$$화씨온도 = \frac{9}{5} \times 섭씨온도 + 32, \quad 섭씨온도 = \frac{5}{9}(화씨온도 - 32) \qquad (15\text{-}2)$$

섭씨온도를 인수로 전달받아 화씨온도를 반환하는 CtoF함수와 화씨온도를 인수로 전달받아 섭씨온도를 반환하는 FtoC함수를 작성한다.

```
def CtoF(C): # Celcius to Fahrenheit
    return 9/5*C+32
def FtoC(F): # Fahrenheit to Celcius
    return (5/9)*(F-32)

print(CtoF(30)) # Fahrenheit
print(FtoC(77)) # Celcius
```

```
86.0
25.0
```

15.2 정수 종류 및 연산하는 프로그램

(1) input문으로 수를 입력 받아 2로 나누어 나머지에 따라 홀수와 짝수를 판정하는 프로그램이다.

```
# program to check for odd or even.
num = int(input("Enter a number: "))
if (num % 2) == 0:
    print("{0} is Even".format(num))
else:
    print("{0} is Odd".format(num))
```

```
Enter a number: 55
55 is Odd
```

(2) input문으로 수를 입력 받아 **if...elif...else**를 사용하여 양수, 0, 음수를 판정하는 프로그램이다.

```
# program using if+elif+else
num = float(input("Enter a number: "))
if num > 0:
    print("Positive number")
elif num == 0:
    print("Zero")
else:
    print("Negative number")
```

```
Enter a number: -6
Negative number
```

(3) **input**문으로 수를 입력 받아 **if...elif...else...for**를 사용하여 한 수의 계승(factorial)을 구하는 프로그램이다. 어떤 수의 계승은 1부터 그 수의 모든 정수의 곱을 말하고 음수는 정의되지 않고, 0의 계승 0!=1이다. 5의 계승은 1*2*3*4*5= 120이다.

```
# program for factorial of a number
num = int(input("Enter a number: "))
factorial = 1

# check for negative, positive or zero
if num < 0:
   print("Sorry, factorial does not exist for negative numbers")
elif num == 0:
   print("The factorial of 0 is 1")
else:
   for i in range(1,num + 1):
       factorial = factorial*i
   print("The factorial of",num,"is",factorial)
```

```
Enter a number: 5
The factorial of 5 is 120
```

15.3 자연수를 입력 받아 소수인지 합성수인지 판별하는 프로그램

입력된 자연수를 num에 저장하고, num을 2부터 num-1까지 나누어 보면서, 나누어 떨어지면 합성수임을 출력하고 반복문을 벗어나고, 나누어떨어지지 않으면 계속 반복한다. **else** 문은 **for** 문과 한 쌍으로 **for** 문 중간에 **break**가 걸리지 않고 반복을 완료하면 **else** 문의 명령이 실행된다. 따라서 나누어떨어지는 수가 없이 **for** 문을 완료하면 소수임을 출력한다.

```
# prime number or composite number
num=int(input('Enter natural number:' ))
for i in range(2, num):
    if num%i==0:
        print('composite number')
        break
else:
    print('prime number')
```

```
Enter natural number:17
prime number
```

15.4 넘파이를 이용한 시그모이드 함수 그리기

딥러닝에서 노드에 들어오는 값들은 바로 다음 층으로 전달하지 않고 비선형 함수인 활성화 함수(activation function)를 통과시킨다.

신경망 초기에는 많이 사용한 시그모이드(sigmoid) 함수는 Logistic 함수라고도 하며 0에서 1까지 서서히 변하는 미분가능함수이다. 어느 기준점이 되면 0에서 1로 변하는 계단함수에 비해 서서히 변화하고 비선형적인 특성으로 인해 신경망 활성화 함수로 활용된다. 중간 값은 1/2이고 매우 큰 값을 가지면 함수 값은 거의 1이며, 매우 작은 값을 가지면 거의 0이다.

시그모이드 함수는 지수함수를 포함함으로 쉽게 미분할 수 있다. 도함수의 최댓값은 $x = 0$에서 0.25이고, 입력값이 일정 이상 올라가면 미분값이 거의 0에 수렴한다.

$$\text{Sigmoid}(x) = \frac{1}{1+e^{-x}} = s(x)$$

$$\frac{ds(x)}{dx} = \frac{-e^{-x}}{(1+e^{-x})^2} = \frac{1}{1+e^{-x}}\left(\frac{1}{1+e^{-x}}-1\right) = s(x)[s(x)-1]$$

```
# sigmoid function
import numpy as np  # import libraries for numpy and matplotlib
import matplotlib.pyplot as plt
def sigmoid(x):
    return 1/(1+np.exp(-x))
def sigmoid_derivative(x): # define a function of sigmoid_derivative
    return sigmoid(x)*(1-sigmoid(x))
x = np.arange(-5.0, 5.0, 0.1) # x range
y1=sigmoid(x)   # y1 function
y2=sigmoid_derivative(x)  # y2 function
plt.plot(x, y1, x, y2)
plt.ylim(-0.1, 1.1)
plt.xlabel('x-axis')
plt.ylabel('y-axis')
plt.title('sigmoid function and derivative')
plt.show()
```

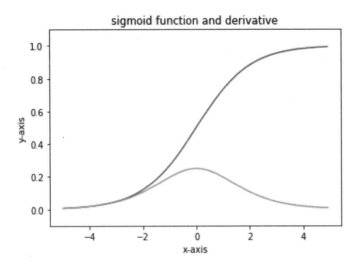

15.5 digits 데이터셋

digits 데이터셋에서 종류는 10개, 종류별 표본은 약 180개, 총 표본수는 1,797개이다. 0부터 9까지의 숫자를 손으로 쓴 이미지 데이터, **load_digits()** 명령으로 로드한다. 각 이미지는 0부터 15까지의 명암(특성)을 가지는 8x8=64 픽셀 해상도의 흑백 이미지이다.

> ### digit과 number 차이
>
> digit은 아라비아 숫자 1, 2, 3, 4, 5, 6, 7, 8, 9, 0 자체를 의미이고, number는 일반적으로 사용하는 숫자이다. 숫자 123(백이십삼)은 세자리 숫자이고, 휴대폰 번호 010-1234-5678는 11자리 수(digit)이다.

```
# digits dataset for 8x8 image of a digit
from sklearn.datasets import load_digits
digits = load_digits()
print(digits.data.shape)
```

(1797, 64)

digits.data에 저장된 데이터를 슬라이싱을 이용하여 데이터 앞부분 1개의 사례를 출력
한다. 첫 번째 한 개의 사례에는 64개의 흑백 이미지(0에서 15까지 16종류)가 나타난다.
ndarray는 NumPy의 핵심인 다차원 행렬 자료구조 클래스이며 파이썬이 제공하는 List
자료형과 동일한 출력 형태를 갖지만 선형대수에 유리하다.

```
digits.data[0:1]
```

```
array([[  0.,   0.,   5.,  13.,   9.,   1.,   0.,   0.,   0.,   0.,  13.,  15.,  10.,
         15.,   5.,   0.,   0.,   3.,  15.,   2.,   0.,  11.,   8.,   0.,   0.,   4.,
         12.,   0.,   0.,   8.,   8.,   0.,   0.,   5.,   8.,   0.,   0.,   9.,   8.,
          0.,   0.,   4.,  11.,   0.,   1.,  12.,   7.,   0.,   0.,   2.,  14.,   5.,
         10.,  12.,   0.,   0.,   0.,   0.,   6.,  13.,  10.,   0.,   0.,   0.]])
```

```
type(digits.data[0:1])
```

numpy.ndarray

matplotlib.pyplot.matshow(A)에서 m x n 배열 A의 이미지 '1'의 8x8=64 픽셀 해상도
의 흑백 이미지를 나타낸다.

```
import matplotlib.pyplot as plt
plt.gray()
plt.matshow(digits.images[1])
plt.show()
```

<Figure size 432x288 with 0 Axes>

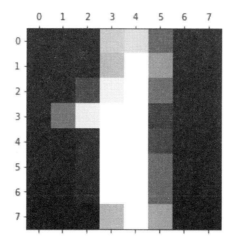

15.6 선형회귀선 구하기

데이터가 아래와 같을 때 SciPy를 import해서 선형회귀선을 그린 후
기울기와 절편을 구해보자.

x = [6,9,8,3,18,2,10,4,12,7,9,14], y = [84,88,91,95,78,91,85,93,87,86,85,82]

(1) 필요한 모듈인 matplotlib와 scipy을 import 한다. SciPy의 **stats** 서브패키지는 확률 분포 분석을 위한 다양한 기능을 가지고 있고 선형회귀에서 기울기와 절편을 추정하는 과정을 간소화해준다.

```
import matplotlib.pyplot as plt
from scipy import stats
```

(2) x와 y축의 값을 나타내는 배열을 만들고 **plt.scatter(x, y)**으로 원래 데이터의 산점 도를 그린다.

```
x = [6,9,8,3,18,2,10,4,12,7,9,14]
y = [84,88,91,95,78,91,85,93,87,86,85,82]
```

```
plt.scatter(x,y)
plt.xlabel('x')
plt.ylabel('y')
plt.show
```

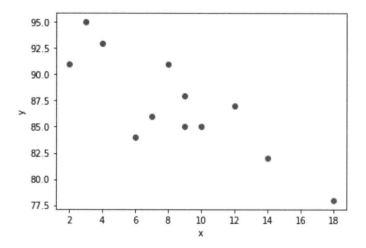

(3) 선형 회귀는 선형 예측 함수를 사용해 회귀식을 모델링하며, 알려지지 않은 파라미터는 데이터로부터 추정한다. **linregress** 함수는 기울기, 절편, 상관계수, 기울기가 0일 귀무가설(설정한 가설이 진실할 확률이 극히 적어 처음부터 버릴 것이 예상되는 가설)의 양측 유의 확률, 추정값의 표준오차를 반환한다.

```
slope, intercept, r, p, std_err=stats.linregress(x,y)
```

```
def myfunc(x):
    return slope*x+intercept
```

(4) mymodel = **list(map(myfunc, x))** 함수를 통해 x 배열의 값을 작동시킨다. 이것은 y-축의 새로운 값을 가진 새로운 배열이 만들어진다.

```
mymodel=list(map(myfunc,x))
```

(5) 선형 회귀의 중요한 핵심 값을 반환하는 함수를 수행하여 중요한 기울기와 절편을 구한다.

```
print("slope=",round(slope,3),"intercept=",round(intercept,3))
```

slope= -0.871 intercept= 94.489

(6) 원래 데이터의 산점도에서 **plt.plot(x, mymodel)**으로 선형 회귀의 선을 그린다. 그리고 **plt.show()**는 그림을 표시한다.

```
plt.scatter(x,y)
plt.plot(x,mymodel)
plt.title('Linear Regression')
plt.xlabel('x')
plt.ylabel('y')
plt.show()
```

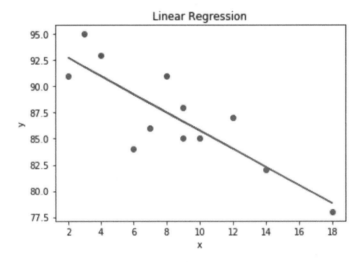

15.7 강우량 통계분석

(1) 기상청 기상자료개방포털(data.kma.go.kr/stcs/grnd/grndRnDmap.do?pgmNo=207)에서 일 강수량과 월 강수량, 년 강수량에 대해 각각 조회할 수 있다. 경북 영주에서

1973년에서 2019년까지 년월에 따른 강수량(mm)으로 csv 파일명을 yeongju_precipl. csv으로 만든다.

(2) 전체 데이터는 행이 47개(총 46년), 열이 13개(12개월)이고 0-열은 연도이고, 0-행은 개월 명을 나타낸다. 처음부터 3개년도 까지 슬라이싱 한 결과는 다음과 같다.

```
import numpy as np
data1 = np.loadtxt(fname='D:/work/jupyter/yeongju_precip.csv')
print(data1.shape)
print (data1[0:3, 0:13])
```

```
(47, 13)
[[1973.     84.5    14.7     6.4  115.3  161.2  162.9    99.     84.6  141.6
    55.9    20.7     4.7]]
 [1974.     10.7    17.3    52.5  191.1  226.     87.9   354.4  116.4   65.7
    43.2    14.8    39.9]]
 [1975.      9.7    12.    103.8  120.9  111.5  105.9   265.     80.9  302.5
    69.6    46.8    20.9]]]
```

(3) 데이터를 연도와 강수량으로 분리한다. 연도 배열은 years, 강수량 배열은 rainfall 로 배정한다.

```
years = data1[:, 0]
rainfall = data1[:, 1:]
```

(4) 3월 달의 강수량을 연도별 분포를 그림으로 그린다.

```
from matplotlib import rcParams
from matplotlib import pyplot as plt

rcParams['figure.figsize']=(10,5)
plt.plot(years, rainfall[:,2])
plt.xlabel('Years')
plt.ylabel('Rainfall in March[mm]')
plt.show()
```

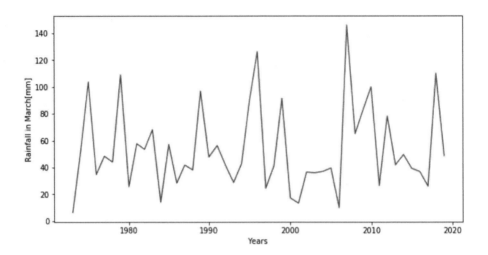

(5) NumPy에 포함된 통계함수 **min, max, mean**으로 강수량 배열에서 최소, 최대, 평균 강수량을 구할 수 있다. 여기서 모든 연도에 모든 달에 즉 전 배열에서 최소, 최대, 평균 강수량을 구한다.

```python
print("Min rainfall: {}mm".format(rainfall.min()))
print("Max rainfall: {}mm".format(rainfall.max()))
print("Mean rainfall: {}mm".format(rainfall.mean()))
```

```
Min rainfall: 0.0mm
Max rainfall: 751.5mm
Mean rainfall: 105.25301418439716mm
```

(6) 주어진 연도(1973년)에 모든 달의 평균 강수량을 구하고, 주어진 달(2월)에 모든 연도에서 평균 강수량을 구한다.

```python
print ("Mean rainfall in 1973: {}".format(rainfall[0, :].mean()))
```

```
Mean rainfall in 1973: 79.29166666666667
```

```python
print ("Mean rainfall in Feb: {}".format(rainfall[:, 1].mean()))
```

```
Mean rainfall in Feb: 28.385106382978723
```

(7) 주어진 연도의 평균을 구하기 위해 열의 방향(축-1)으로 행의 성분에 대해 평균을 취한다. 각 연도의 평균 강수량을 그린다. 2004년 월평균 강우량이 최고로 많이 왔다.

```
mean_rainfall_per_year = rainfall.mean(axis=1)
plt.plot(years, mean_rainfall_per_year)
plt.xlabel('Year')
plt.ylabel('Mean rainfall[mm]');
```

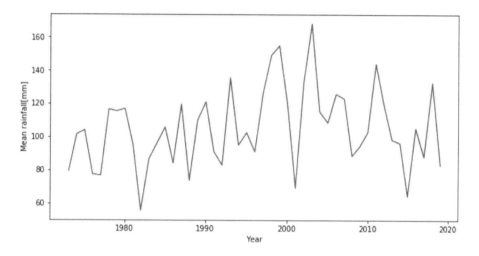

(8) 주어진 달의 평균을 구하기 위해 행의 방향(축-0) 열의 성분에 대해 평균을 취한다. 월별 평균 강수량을 그린다. 여름 장마철인 6월 중순부터 8월 초순에 최고치가 나타난다.

```
mean_rainfall_in_month = rainfall.mean(axis=0)
months = ['Jan', 'Feb', 'Mar', 'Apr', 'May', 'Jun', 'Jul', 'Aug',
          'Sep', 'Oct', 'Nov', 'Dec']
plt.plot(months, mean_rainfall_in_month)
plt.xlabel('Month')
plt.ylabel('Mean rainfall[mm]');
```

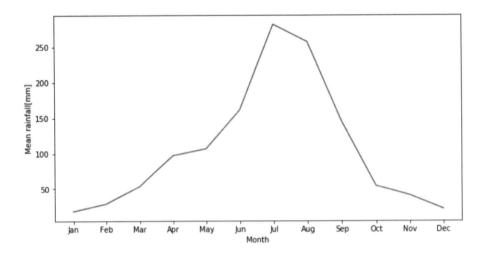

(9) 박스 플롯을 이용하여 많은 범주형 데이터를 한 번에 그림을 이용해 데이터 집합의 범위와 중간 값을 빠르게 확인할 수 있고 또한 통계적으로 극한치(**outlier**)가 있는지도 확인이 가능하다.

```python
months = ['Jan', 'Feb', 'Mar', 'Apr', 'May', 'Jun', 'Jul', 'Aug',
          'Sep', 'Oct', 'Nov', 'Dec']
plt.boxplot(rainfall, labels=months)
plt.xlabel('Month')
plt.ylabel('Mean rainfall');
```

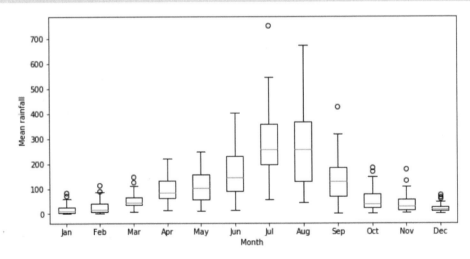

(10) stats 패키지로 선형회귀에서 기울기와 절편을 쉽게 구하고, **linregress** 함수는 기울기와 절편 외에도 상관계수, 기울기가 0일 확률, 추정값 표준오차를 알려준다. 선형회귀로 연도가 늘어날수록 평균 강우량이 약간 증가하고 있다.

```python
from scipy import stats

slope, intercept, r_value, p_value, std_err=stats.linregress(
    years, mean_rainfall_per_year)

plt.plot(years, mean_rainfall_per_year, 'b-', label='Data1')
plt.plot(years, intercept + slope*years, 'k-', label='Linear Regression')
plt.xlabel('Year')
plt.ylabel('Mean rainfall')
plt.legend();
print("slope : {}.".format(slope))
print("intercept : {}.".format(intercept))
print("correlation coefficient : {}.".format(r_value))
print("probability that the slope is zero : {}.".format(p_value))
print("error estimate : {}.".format(std_err))
```

```
slope : 0.3550734273820537.
intercept : -603.473546870182.
correlation coefficient : 0.20136165029168476.
probability that the slope is zero : 0.174704220321904.
error estimate : 0.2574821435417137.
```

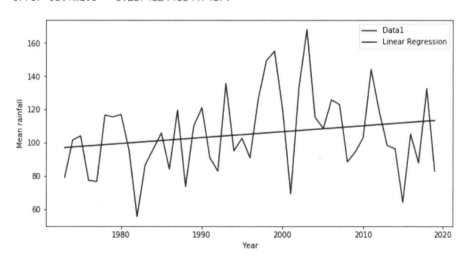

15.8 제어시스템의 보드선도

전달함수 $H(s) = \dfrac{500}{5s^2 + 7s + 5000}$ 일 때 보드선도를 그려보자. 보드선도는 그림으로써 시스템의 응답성과 안정성을 판단할 수 있다. 먼저 필요한 파이썬 라이브러리를 부르고 함수는 SciPy로부터 클래스 **signal**에서 온다. 그리고 matplotlib 라이브러리에서 클래스 **pyplot**를 불러 많은 수가 포함된 긴 리스트로 그림을 그리기 위해 불러온다.

```
from scipy import signal  #  importing the libraries
import matplotlib.pyplot as plt
```

클래스 **signal**은 **lti**를 불러 매서드를 사용하는데 두 개의 매개변수가 필요하고 하나는 전달함수의 분자의 계수, 두 번째는 분모의 계수를 입력한다.

scipy.signal.bode(system, w=None, n=100)에서 **system**은 LTI 클래스의 인스턴스(튜플), w는 주파수배열(rad/s)로 배열의 모든 값을 계산하고, n은 w가 주어지지 않을 경우 계산하는 주파수 수이다. 변수 **system**은 **lti** 매서드를 담고 있고, 매서드 **signal.bode**는 주파수 배열, w[rad/s], 크기배열, mag[dB], 각도배열, phase[°]을 반환한다. **range** 함수에 변수 r를 배정하고 **signal.bode**을 부를 때 처음 변수 system과 w=r을 입력한다.

```
system = signal.lti([500], [5, 7, 5000]) # method from the signal class
r = range(0, 5000)
w, mag, phase = signal.bode(system, w=r) # frequency, magnitude, phase
```

pyplot.매서드()를 사용한다. **plt.figure()**는 새로운 그림을 생성하고 기준값 **figsize= (6.4, 4.8)**이다. **plt.grid(b=True, which='both')**는 그래프에 그리드를 그리는 함수이다. **both**인 경우 **major**와 **minor** 표시 지점을 그리도록 설정된다. **plt.semilogx(w, mag)**에서 각주파수 w는 x-축으로 로그눈금을 사용한다. 그림을 나타내기 위해 **plt.show()**를 호출한다. 고주파로 갈수록 -40dB/dec의 기울기를 갖고 오버슈트가 발생한다.

```
plt.figure(figsize=(6, 4))
plt.grid(b=True, which='both') # grid
plt.semilogx(w, mag)    # Bode magnitude plot
plt.ylabel('Gain[dB]')
plt.xlabel('Frequency [rad/s]')
plt.show()
```

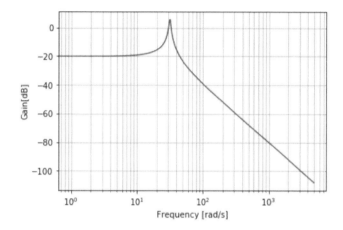

위상특성은 진폭특성을 그리는 것과 동일하고 저주파에서 0^o이고 고주파에서는 180^o로 수렴한다.

```
plt.figure(figsize=(6, 4))
plt.grid(b=True, which='both')
plt.semilogx(w, phase) # Bode phase plot
plt.ylabel('Phase [degrees]')
plt.xlabel('Frequency [rad/s]')
plt.show()
```

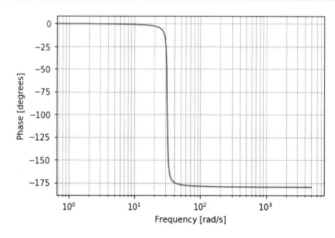

15.9 파이썬 응용 패키지로 회로도 그리기

SchemDraw.elements 모듈에는 많은 전자 및 전기소자 및 논리 게이트. 흐름도 심벌, 신호처리심벌이 정의되어 있다. 그림 15.1은 2-단자 소자 심벌 및 이름, 그리고 그림 15.2는 전원 및 계기 심벌 및 이름을 나타낸다.

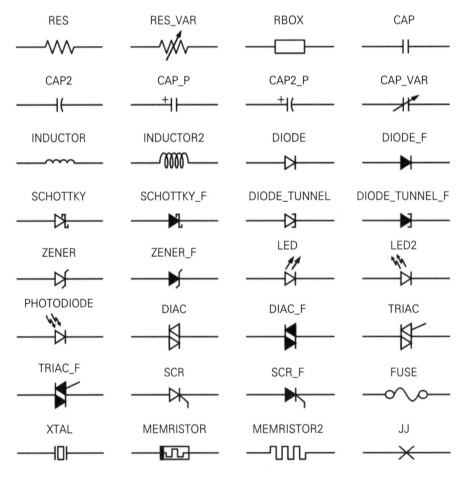

그림 15.1 | 2-단자 소자 심벌 및 이름

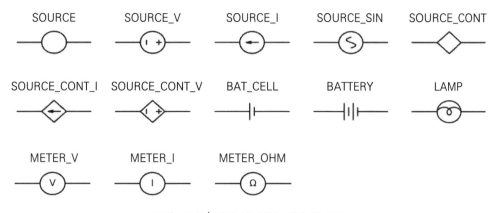

그림 15.2 | 전원 및 계기 심벌 및 이름

저항, 인덕터, 커패시터, 직류전압원, 직류전류원, 다이오드가 포함한 그림 15.3와 같은 회로도를 구성해 보자.

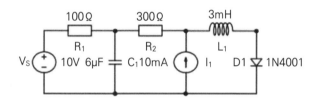

그림 15.3 | 수동소자와 전원을 포함한 회로도

01 명령 프롬프트 창에서 파이썬 패키지 **SchemDraw**을 **pip install SchemDraw**으로 설치한다.

02 **SchemDraw** 불러오고 사용할 때 짧은 문자로 하기 위해 설정한다.

```
import SchemDraw as schem
import SchemDraw.elements as e
```

03 클래스 **schem.Drawing()**를 변수로 배정한다. **Drawing.add()** 매서드로 부품 한 개씩 추가한다. **e.부품명**으로 부품명에 저항이면 RES, 커패시터는 CAP이라 기입하고,

label에 Latex 언어로부터 **Ω**는 그리스 문자 Ω이 되며 위에 나타난다. **d.draw()**는 회로도가 출력된다.

```
d = schem.Drawing() # assign a new drawing to a variable

VS = d.add(e.SOURCE_V, label= "$V_S$") # add a voltage source
R1=d.add(e.RBOX, d="right", label='100$\Omega$') # add a resistor
d.add(e.DOT)
R2=d.add(e.RBOX, d="right", label="300$\Omega$")# add a resistor

d.add(e.DOT)
L1=d.add(e.INDUCTOR2, d="right", label="3mH")# add an inductor
d.add(e.DOT)
D1 = d.add(e.DIODE, d="down", label="D1") # add a diode

d.add(e.LINE, d='left') # add a line
d.add(e.SOURCE_I, d='up', label='10mA',
        reverse=True, move_cur=False) # add a current source
d.add(e.DOT, move_cur=False)
d.add(e.LINE) # add a line

d.add(e.CAP, d="up", label='6$\mu$F', move_cur=False)# add a capacitor
d.add(e.DOT)
d.add(e.LINE, d="left")

d.draw() # output the drawing
```

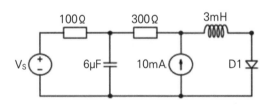

04 **D1.add_label()**는 모델명이랑 변수명을 추가로 기재할 때 사용하며, **loc** 매개변수는 **label**위치를 지정해주고 **bot**은 아래, **lft**는 왼쪽, **rgt**은 오른쪽을 의미한다.

```
d = schem.Drawing() # assign a new drawing to a variable

VS = d.add(e.SOURCE_V, label= "$V_S$") # add a voltage source
VS.add_label("10V", loc="bot") # label for 10V voltage source
R1=d.add(e.RBOX, d="right", label='100$\Omega$') # add a resistor
R1.add_label("$R_1$", loc="bot") # label for resistor with 100Ohm

d.add(e.DOT)
R2=d.add(e.RBOX, d="right", label="300$\Omega$")# add a resistor
R2.add_label("$R_2$", loc="bot") # label for resistor
d.add(e.DOT)

L1=d.add(e.INDUCTOR2, d="right", label="3mH")# add an inductor
L1.add_label("$L_1$", loc="bot")  # label for inductor
d.add(e.DOT)
D1 = d.add(e.DIODE, d="down", label="D1") # add a diode
D1.add_label("1N4001", loc="bot")# label for diode
d.add(e.LINE, d='left') # add a line

I1=d.add(e.SOURCE_I, d='up', label='10mA',
      reverse=True, move_cur=False) # add a current source
I1.add_label("$I_1$", loc="bot")# label for current source
d.add(e.DOT, move_cur=False)
d.add(e.LINE) # add a line

C1=d.add(e.CAP, d="up", label='6$\mu$F', move_cur=False)# add a capacitor
C1.add_label("$C_1$", loc="bot")  # label for capacitor
d.add(e.DOT)
d.add(e.LINE, d="left")

d.draw() # output the drawing
```

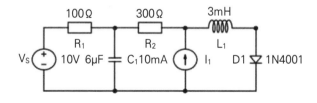

이공학을 위한 **파이썬 실습 보고서**

실험제목	실습 ( )		
학과/학년		학 번	확인
이 름		실 험 반	
실습일자		담당교수	

15.1 1년의 길이가 365.2422일이므로 윤년을 두어 평년에는 2월이 28인데 윤년에는 29일까지로 한다. 윤년은 연수가 4로 나누어지거나 400으로 나누어지는 해이며 다만 100으로 나누어 떨어지면 평년이 된다. 예를 들면 1900년, 2021년은 윤년이 아니고 2020년, 2000년 윤년이다. 원하는 년도를 입력받아 윤년을 결정하는 코드이다. 순서도를 그리고 각 줄마다 주석을 붙이고 결과를 첨부하여라.

```python
# program to check if a year is a leap year or not

year = int(input("Enter a year: ")) #

if (year % 4) == 0:  #
    if (year % 100) == 0:  #
        if (year % 400) == 0:  #
            print("{0} is a leap year".format(year))  #
        else:
            print("{0} is not a leap year".format(year))  #
    else:
        print("{0} is a leap year".format(year))  #
else:
    print("{0} is not a leap year".format(year))  #
```

15.2 최근 인공지능 분야에 가장 많이 사용되는 활성화 함수는 ReLU 함수(Rectified Linear Unit)이다. ReLU 함수는 $x > 0$이면 기울기가 1인 직선이고, $x < 0$이면 함수값이 0이 된다. 아래 그림과 같은 ReLU 함수를 그리기 위한 순서도를 그리고 코딩한 후 각 줄마다 주석을 붙이며 결과를 첨부하여라.

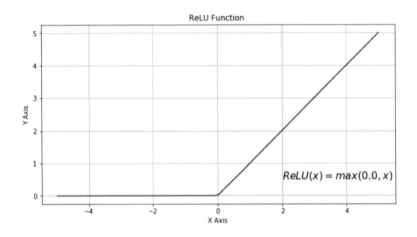

15.3 기상청 기상자료개방포털(data.kma.go.kr/stcs/grnd/grndRnDmap.do?pgmNo=207) 에서 서울시의 연도별 월별에 따른 강수량(mm)으로 csv 파일명을 seoul_precipl.csv 으로 만든다. 그리고 박스 플롯을 이용하여 월별 평균 강우량을 그려본다.

15.4 전달함수 $H(s) = \dfrac{10000}{10s^2 + 9s + 2000}$ 일 때 보드선도를 그리는 코드를 작성한 후 각 줄 마다 주석을 붙이며 결과를 첨부하여라.

15.5 파이썬 패키지 SchemDraw을 이용하여 아래와 같은 회로도를 코딩하고 결과를 첨부하여라.

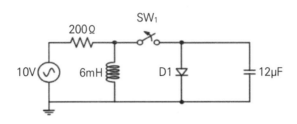

15.6 본 실습에서 느낀 점을 기술하고 추가한 실습 내용을 첨부하여라.

01 파이썬 관련자료

1.1 파이썬 모듈 설치 및 IDE 사용

01 **Anaconda(Jupyter Notebook, Spyder, IPython) :**
https://www.continuum.io/downloads

02 **Jupyter Notebook(Web-Browser) :** https://try.jupyter.org

03 **spyder :** https://www.spyder-ide.org/

04 **Python.org :** https://www.python.org

05 **matplotlib :** http://matplotlib.org/users/installing.html

06 **NumPy :** https://sourceforge.net/projects/numpy/

07 **pandas :** https://pandas.pydata.org/

08 **SymPy :** https://www.sympy.org/en/index.html

09 **SciPy :** https://www.scipy.org/scipylib/download.html

1.2 파이썬 관련 참고자료

01 **Pyplot Tutorial** : http://matplotlib.org/users/pyplot_tutorial.html

02 **SciPy and NumPy Reference Manual** : https://docs.scipy.org/doc/

03 **Python Tutorial** : http://www.tutorialspoint.com/python/

04 **The Python Tutorial** : docs.python.org/3/tutorial

05 파이썬-기본을 갈고 닦자! : wikidocs.net/1

06 **Python Programming-E-learning** : goo.gl/1hTohd

07 코드카데미 파이썬(한국어) : https://www.codecademy.com/ko/tracks/python-ko

08 파이썬, C/C++, 문제풀이, 챌린지, 프로그래밍 **Codeup** : codeup.kr

09 파이썬, C/C++, 문제풀이, 챌린지, 프로그래밍 **programmers** : programmers.co.kr

10 매주 파이썬 새로운 정보제공 : https://www.pythonweekly.com/

11 **Python for Computational Science and Engineering** :
https://fangohr.github.io/teaching/python/book.html

12 **THE WORLD'S LARGEST WEB DEVELOPER SITE** :
https://www.w3schools.com/default.asp

13 **Engineers CookBooks** :
https://engineerscookbooks.com/category/python/math-basics/

14 파이썬 프로그래밍 입문서 : https://python.bakyeono.net/

02 데이터셋 관련 사이트

2.1 국내 사이트

01 공공 데이터포털 : https://www.data.go.kr/

02 기상청 : https://data.kma.go.kr/stcs/grnd/grndRnList.do?pgmNo=69

03 통계청 : http://kostat.go.kr/portal/korea/index.action

04 서울 열린데이터광장(서울시 데이터) : http://data.seoul.go.kr/

05 영화진흥위원회(국내 영화 정보) :
http://www.kofic.or.kr/kofic/business/main/main.do

06 한국소비자원 참가격(국내 물품 가격 동향) :
http://www.price.go.kr/tprice/portal/main/main.do

07 **SK telecom Big Data Hub(각종 통화량 데이터)** : http://www.bigdatahub.co.kr

2.2 외국 및 회사 사이트

01 **Kaggle(각종 데이터셋 수집)** : https://www.kaggle.com/datasets

02 **Quandl(해외 금융, 경제 데이터 셋)** : https://www.kaggle.com/datasets

03 **UC 얼바인 머신러닝 저장소** : http://archive.ics.uci.edu/ml/index.php

04 **카네기 멜론대 통계학과 데이터셋** : http://lib.stat.cmu.edu/datasets/

05 **위키백과 : 머신러닝 주요 데이터셋 목록** :

https://en.wikipedia.org/wiki/List_of_datasets_for_machine-learning_research

06 **Google Public Datasets** : https://cloud.google.com/bigquery/public-data/

07 **네이버 데이터랩** : https://datalab.naver.com/

08 **Google Flu Trends Dataset** : http://www.google.org/flutrends/data.txt

09 **아마존 데이터 셋** : https://registry.opendata.aws/

10 **데이터셋 리스트 모음 링크** :

https://www.quora.com/Where-can-I-find-large-datasets-open-to-the-public

11 **깃허브 유명 데이터 셋** :

https://github.com/awesomedata/awesome-public-datasets

2.3 세계 기구 사이트

01 **UN 데이터(전 세계 인구, 사회지표, 경제, 환경 관련통계)** : https://data.un.org/

02 **WTO(전 세계 무역통계)** : www.wto.org

03 **World Bank(인구, 환경, 주요경제지표, 무역과 재정 관련 주요지표 제공)** :

www.worldbank.org

04 **International Monetary Fund(재정관련 통계)** : www.imf.org

05 **OECD Statistics(OECD가 운영하는 통계사이트)** : www.oecd.org

▶▷▶ **INDEX**

이공학을 위한 파이썬 프로그래밍

Python Programming for Science and Engineering

발행일 | 2020년 3월 30일

저 자 | 정동호
발행인 | 모흥숙

발행처 | 내하출판사
주 소 | 서울 용산구 한강대로 104 라길 3
전 화 | TEL : (02)775-3241~5
팩 스 | FAX : (02)775-3246

E-mail | naeha@naeha.co.kr
Homepage | www.naeha.co.kr

ISBN | 978-89-5717-523-1 (93560)
정 가 | 22,000원

이 도서의 국립중앙도서관 출판예정도서목록(CIP)은 서지정보유통지원시스템 홈페이지(seoji.nl.go.kr)와
국가자료공동목록시스템(www.nl.go.kr/kolisnet)에서 이용하실 수 있습니다. (CIP제어번호 : CIP2020011698)